"十二五"国家重点图书出版规划项目

青少年太空探索科普丛书

国家出版基金项目
NATIONAL PUBLICATION FOUNDATION

间谍卫星大揭秘

焦维新◎著

它们是游荡在太空的超级"间谍"，

站得高，看得远，本事高强，

穿透无线电波的隧道，窥探敌人的绝密地带，

掀起谍海战场的万丈狂澜。

本书将带领大家走进间谍卫星，揭开幕后的种种谜团。

U0318974

知识产权出版社

全国百佳图书出版单位

图书在版编目（CIP）数据

间谍卫星大揭秘 / 焦维新著 . –– 北京：知识产权出版社，2015.11

（青少年太空探索科普丛书）

ISBN 978-7-5130-3637-5

Ⅰ . ①间⋯ Ⅱ . ①焦⋯ Ⅲ . ①侦察卫星 – 青少年读物 Ⅳ . ① V474.2–49

中国版本图书馆 CIP 数据核字 (2015) 第 156479 号

内容简介

　　间谍卫星是一支游荡在太空的"超级间谍"，锁眼、大鸟、长曲棍球⋯⋯都是这支队伍里的超级"明星"，它们见证了间谍卫星从光学侦察到雷达侦察不断发展的光辉历程，也亲自证明了间谍卫星异乎寻常的空间分辨率，比如锁眼 12，即使是地面的一张报纸，它在天上也可以辨别出是什么报纸。本书采用百余幅高清图片，借鉴电影式全景呈现手法，详细梳理间谍卫星的发展历程，史诗般再现历次局部战争的谍海风云、战地狼烟，带领读者走进间谍卫星的历史，揭开它背后的种种谜团。

责任编辑： 陆彩云　徐家春　　　　　**责任出版：** 刘译文

青少年太空探索科普丛书

间谍卫星大揭秘　JIANDIE WEIXING DA JIEMI

焦维新　著

出版发行： 知识产权出版社 有限责任公司		**网　　址：** http://www.ipph.cn		
电　　话： 010–82004826		http://www.laichushu.com		
社　　址： 北京市海淀区马甸南村 1 号		**邮　　编：** 100088		
责编电话： 010–82000860 转 8110/8573		**责编邮箱：** xujiachun625@163.com		
发行电话： 010–82000860 转 8101/8029		**发行传真：** 010–82000893/82003279		
印　　刷： 天津市银博印刷集团有限公司		**经　　销：** 各大网上书店、新华书店		
开　　本： 720mm×1000mm　1/16		**印　　张：** 8.5		
版　　次： 2015 年 11 月第 1 版		**印　　次：** 2015 年 11 月第 1 次印刷		
字　　数： 130 千字		**定　　价：** 35.00 元		

ISBN 978-7-5130-3637-5

自序

在北京大学讲授"太空探索"课程已近二十年，学生选课的热情和对太空的关注度，给我留下了深刻的印象。这门课程是面向文理科学生的通选课，每次上课限定二百人，但选课的人数有时多达五六百人。近年来，我加入了"中国科学院老科学家科普演讲团"，每年在大、中、小学及公务员中作近百场科普讲座。广大青少年在讲座会场所洋溢出的热情令我感动。学生听课时的全神贯注、提问时的踊跃，特别是讲座结束后众多学生围着我要求签名的场面，使我感触颇深，学生对于向他们传授知识的人是多么敬重啊！

上述情况说明，广大中小学生和民众非常关注太空活动，渴望了解太空知识。正是基于这样的认识，我下决心"开设"一门中学生版的"太空探索"课程。除了继续进行科普宣传外，我还要写一套适合于中小学生的太空探索科普丛书，将课堂扩大到社会，使读者对广袤无垠的太空有系统的了解和全面的认识，对空间技术的魅力有深刻的体会，从根本上激励青少年热爱科学、刻苦学习、奋发向上，树立为祖国的科技腾飞贡献力量的理想。

我在着手写这套科普丛书之前，已经出版了四部关于空间科学与技术方面的大学本科教材，包括专为太空探索课程编著的教材《太空探索》，但写作科普书还是第一次。提起科普书，人们常用"知识性、趣味性、可读性"来要求，但满足这几点要求实在太不容易了。究竟选择哪些内容？怎样使读者对太空探索活动和太空科学知识产生兴趣？怎样的深度才能适合更多的人阅读？这些都是需要逐步摸索的。

为了跳出写教材的思路，满足知识性、趣味性和可读性的要求，本套丛书写作伊始，我就请夫人刘月兰做第一个读者，每写完两三章，就让她阅读，并分为三种情况。第一种情况，内容适合中学生，写得也较通俗易懂，这部分就通过了；第二种情况，内容还比较合适，但写得不够通俗，用词太专业，对于这部分内容，我进一步在语言上下功夫；第三种情况，内容太深，不适于中学生阅读，这部分就删掉了。儿子焦长锐和儿媳周媛都是从事社会科学的，我也让他们阅读并提出修改意见。

　　科普书与教材的写作目的和要求大不一样。教材不管写得怎样，学生都要看下去，因为有考试的要求；而对于科普书来说，阅读科普书是读者自我教育的过程，如果没有兴趣，看不下去，知识性再强，也达不到传递知识的目的。因此，对科普书的最基本要求是趣味性和可读性。

　　自加入中国科学院老科学家科普演讲团后，每年给大、中、小学生作科普讲座的次数明显增多。这种经历使我对不同文化水平人群的兴趣点、接受知识的能力等有了直接的感受，因此，写作思路也发生了变化。以前总是首先考虑知识的系统性、完整性和逻辑性，现在我首先考虑从哪儿入手能引起读者的兴趣，然后逐渐展开。科普书不可能有小说或传记文学那样动人的情节，但科学上的新发现、科技在推动人类进步方面的巨大作用、优秀科学家的人格魅力，这些材料如果组织得好，也是可以引人入胜的。

　　内容是图书的灵魂，相同的题材，可以有不同的内容。在内容的选择上，我觉得科普书应该给读者最新的、最前沿的知识。例如，《太空资源》一书中，我将哈勃空间望远镜和斯皮策空间望远镜拍摄到的具有代表性的图片展示给读者，这些图片都有很高的清晰度，充满梦幻色彩，非常漂亮，让读者直观地看到宇宙深处的奇观。读者在惊叹之余，更能领略到人类科技的魅力。

　　在创作本套丛书时，我尽力在有关的章节中体现这样的思想：科普图书不光是普及科学知识，更重要的是要弘扬科学精神、提高科学素养。太空探索之路是不平坦的，充满了挑战，航天员甚至要面对生命危险。科学家们享受过成功的喜悦，也承受了一次次失败的打击。没有强烈的探索精神，没有坚强的战斗意志，人类不可能在太空探索方面取得如此辉煌的成就。

现在呈现给大家的《青少年太空探索科普丛书》，系统地介绍了太阳系天体、空间环境、太空技术应用等方面的知识，每册一个专题，具有相对独立性，整套则使读者对当今重要的太空问题有系统的了解。各分册分别是《月球文化与月球探测》《遨游太阳系》《地外生命的365个问题》《间谍卫星大揭秘》《人类为什么要建空间站》《空间天气与人类社会》《揭开金星神秘的面纱》《北斗卫星导航系统》《太空资源》《巨行星探秘》。经过知识产权出版社领导和编辑的努力，这套丛书已经入选国家新闻出版广电总局"十二五"国家重点图书出版规划项目，其中《月球文化与月球探测》已于2013年11月出版，并获得科技部评选的2014年"全国优秀科普作品"，其他九个分册获得2015年度国家出版基金的资助。

为了更加直观地介绍太空知识，本丛书含有大量彩色图片，书中部分图片已标明图片来源，其他未标注图片来源的主要取自美国国家航空航天局（NASA）、太空网（www.space.com）、喷气推进实验室（JPL）和欧洲空间局（ESA）的网站，也有少量图片取自英文维基百科全书等网站。在此对这些网站表示衷心的感谢。

鉴于个人水平有限，书中不免有疏漏不妥之处，望读者在阅读时不吝赐教，以便我们再版时做出修正。

目录
CONTENTS

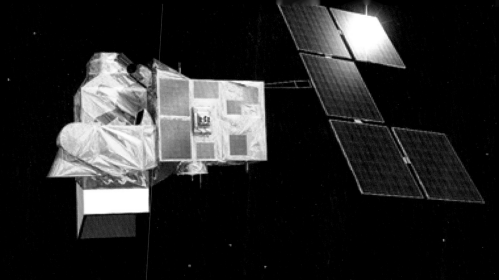

第 1 章

从美国 U-2 被击落说起

冷战时期美国通过侦察机来获取敌方的情报，当时最先进、飞得最高的 U-2 侦察机被苏联击落，使美国在政治上颜面尽失，从此不得不开发更强有力的侦察武器，于是间谍卫星开始登上历史舞台，在战场中扮演起"神龙见首不见尾"的神秘角色。

本页图为高空侦察机——U-2。

U-2 被击落的故事

神出鬼没的 U-2 侦察机

有战争就有侦察活动，只是在不同的历史时期，采用的侦察形式有所不同。第二次世界大战以后，空中侦察成为大国对别国进行侦察的主要方式。

在冷战初期，美国空军派波音 RB-47 侦察机闯入苏联领空进行高空侦察拍照。当时苏联的空防存在漏洞，很多边界和领空都没有雷达覆盖，美军就利用这些空隙进入苏联领空进行侦察。

随着 1950 年 6 月朝鲜战争爆发，苏联的"严格防空政策"延伸到远东地区。1952 年 6 月，苏联战斗机在堪察加半岛附近上空，击落一架美国 RB-29 侦察机，使得在苏联领空进行高空侦察的美军飞机变得越来越危险。因此，美国空军开始寻求一种具有更高飞行高度的侦察机，借助飞行高度来逃避苏方战斗机拦截，当时最先进的苏联战斗机米格-17 飞行高度只有 13500 米。

1954 年 11 月月初，艾森豪威尔总统批准了新高空侦察机计划。由于此项计划属高度机密，所以不能使用侦察机

代号。为了隐藏其真实用途，美
国空军于 1955 年 7 月选择了 U
这个代号，以此表示多用途，自
此开始了 U-2 侦察机计划。

　　U-2 侦察机是美国洛克希德·马丁公司研制的单座
单发动机高空侦察机，能不分昼夜地在 21000 米高空执行全天
候侦察任务。U-2 侦察机翼宽 31 米，长 19 米，最高时速 805 千米，巡
航速度每小时 690 千米，于 1955 年 8 月 1 日首次飞行。

　　1956 年 6 月 20 日，U-2 侦察机首次飞越禁飞区——《华沙条约》缔约
国领空。飞过了捷克斯洛伐克、波兰和民主德国。1956 年 7 月，U-2 飞越苏
联的列宁格勒，对造船厂进行拍照。苏联的雷达发现了目标，派米格战斗机
拦截，但达不到高度。第二天，U-2 侦察机飞越莫斯科，对莫斯科附近的导
弹工厂和火箭发动机工厂进行拍照。此后，U-2 侦察机更加有恃无恐，多次
在中国、越南以及东欧国家和苏联上空进行侦察。

　　U-2 侦察机共建造约 86 架，它的初期折损率非常高，美国空军自 1956 年
开始使用后一年半内就损失了 9 架，截至 2001 年，有 40 架严重损坏或全毁。

U-2 被苏联击落的过程

　　1960 年 4 月 9 日，一架由美国中央情报局（CIA）下辖的 U-2C 侦察机，
对苏联位于帕米尔高原周围的重要军事设施进行侦察，包括专门测试核武器
的塞米巴拉金斯克试验场、部署有图-95 战略轰炸机的多隆空军基地、由苏
联防空军下辖的地空导弹试验场以及拜科努尔航天发射场。4 时 47 分，苏联
防空军发现该机，此时这架 U-2C 侦察机已在苏联的领空飞行超过 250 千米。
尽管苏联军队马上派遣数批次的米格-19 战斗机和 Su-9 拦截机试图于航程中
拦截，但都失败了。最后 U-2C 侦察机从苏联西北方领空离去，并于 11 时 32
分成功降落至一座简易机场。

1960 年 5 月 1 日，一架美国 U-2 侦察机在苏联领空被击落。最初美国政府否认该侦察机制造目的和该趟任务的性质，但当苏联政府向外界展示被俘的机师加利·鲍威尔和 U-2 侦察机残骸（整体架构尚存）时，美方终于承认该机进行了秘密的间谍活动。

当日，由加利·鲍威尔驾驶的 360 号 U-2C 侦察机自巴基斯坦白沙瓦空军基地升空，任务代号为"GRAND SLAM"。按照侦察计划，加利·鲍威尔将飞越苏联领空，并陆续拍摄叶卡捷琳堡与普列谢茨克附近的洲际弹道导弹研发基地及周围地区，最后在挪威的博德机场降落。但苏联已不像以前那样很晚才发现 U-2C 侦察机的活动，自中亚哈萨克斯坦、西伯利亚开始，苏联防空军就发布了红色警报并传达到苏联北部，并不断对 U-2C 侦察机进行雷达追踪。最后苏联空军上层决定拦截该飞机，他们首先派出一架转场路过此地的 Su-9 拦截机试图拦截。由于 U-2C 侦察机极高的飞行高度，迫使 Su-9 拦截机采取不携带弹药的方式达到高度，以撞击的方式拦截美国侦察机，但因飞行员未能发现目标而失败。随后 U-2C 侦察机进入地对空导弹防区，地空导弹部队第一轮发射了 14 枚 S-75 防空导弹，其中一枚成功地击伤了 U-2C 侦察机，并迫使其飞行员跳伞逃生，之后，另一枚导弹直接击中 U-2C 侦察机。

尽管在飞行员加利·鲍威尔手上有一枚改造过的 1 美元硬币，内含具神经毒素的刺针可用来自杀，但加利·鲍威尔最后并没有使用；同时，他也没依规定引爆机舱内少量的炸药将飞机炸毁，这保留了其在苏联领空侦察的重要证据。加利·鲍威尔跳伞并降落至苏联土地上，被误认为是苏联空军的飞行员，但因不会说俄语而马上被苏联农民发现，进而遭到逮捕。

苏联随后于残骸中找到 U-2C 侦察机拍摄的底片，并仔细研究了美国可能通过它所获得的情报。在被击落前，它成功拍摄到奥焦尔斯克钚生产设施，推算出苏联可能拥有的钚数量。换言之，美国可借此确定苏联有多少核武器仍在生产。

U-2 被击落产生的国际影响

在美国飞行员失去联络 4 天后，美国国家航空航天局（NASA）发布了一份非常详细的新闻稿，提到一架 U-2 侦察机在进行有关天气研究资料搜集时，在土耳其北部偏离方向并"失去踪迹"。在新闻稿中他们推断驾驶员可能已经失去意识，但自动驾驶仍然在运作，甚至还谎称："驾驶员在紧急频道上表示遇到了氧气供应问题。"为了让这种说辞更令人信服，1960 年 5 月 6 日，另一架 U-2 侦察机的机身被涂装成 NASA 的飞机的颜色，并于爱德华空军基地的 NASA 研发总部前向媒体展示。尽管 NASA 一直宣称 U-2 是为了高空气象研究而设计的，但当时已有一些观察家表示怀疑。

时任苏联部长会议主席赫鲁晓夫得知此事后，向苏联最高苏维埃以及各国宣布击落了一架侦察机，并故意没有提到飞行员的任何事情。以艾森豪威尔为首的美国政府早认为驾驶员已经死亡，于是立刻发表声明说苏联所宣称的侦察机实际上是一架"天气调查飞机"，驾驶员在飞越土耳其时通过无线电报告"氧气供应系统出现了问题"，随后因为昏迷而误入了苏联领空。白宫指认这两架飞机为同一架飞机，并宣称美方"绝对没有故意侵犯苏联的领空，无论是过去还是未来都没有"。为此，美方还把所有 U-2 侦察机紧急停飞，进行了"氧气供应系统问题"的检查。

在美国落入苏联的陷阱后，赫鲁晓夫于 5 月 7 日发表了惊人言论："我一定要告诉你们一个秘密。我在第一次报告中刻意没有说那名驾驶员仍然活着，嗯……现在看看美国人说了多少的蠢话。"

不只是鲍威尔生还，飞机残骸也基本上完好。苏联军方还成功寻回照相机，并将鲍威尔所拍摄的底片冲洗出来。随着这些能证明该飞机的确为侦察机的事实曝光，以艾森豪威尔为首的美国政府颜面尽失，协助"隐瞒"的太空总署的官员也十分尴尬。

之后，美国总统艾森豪威尔、苏联部长会议主席赫鲁晓夫、英国首相麦克米伦以及法国总统戴高乐于巴黎召开了四国首脑东西会谈。该会谈没有取得任何成果，其中很大原因是艾森豪威尔拒绝了赫鲁晓夫提出的美国就该事件道歉的要求，赫鲁晓夫一怒之下先行离开会场。

美苏加速发展间谍卫星

美国成立国家侦察局

U-2侦察机被击落使美国认识到高空侦察很不安全，因为连当时飞得最高的U-2侦察机都能被防空导弹击落，其他型号的飞机就可想而知了，美国决定加快间谍卫星的研发速度。

1961年9月6日，美国成立了国家侦察局（NRO）。它的成立是对困扰着早期导弹和卫星计划的各种问题的反应，也是U-2侦察机被苏联击落事件的结果。

NRO具有国家级的特点，这对其成员来说至关重要。艾森豪威尔总统的科学与技术特别顾问乔治·基斯塔科夫斯基博士指出："该组织有其明确的权力界限，最高级的指示具有国家级特点，它包括国防部办公室、中央情报局，而不仅只是空军一家的指令"。

NRO位于美国弗吉尼亚州，是美国16个情报机构之一，也是国防部的组成部分之一，负责为美国政府设计、组装、发射侦察卫星，并协调、收集和分析中央情报局以及军事机构的飞机、卫星获得的情报。该机构得到国家侦察计划（外国情报收集计划的一部分）的拨款。

NRO负责的第一项照相侦察卫星计划是日冕计划（Corona Program），之后还组织了众多的侦察卫星项目。历届美国政府都非常重视侦察卫星的研制和发射。

美国实施日冕侦察卫星计划

其实，早在U-2侦察机开始对苏联进行高空侦察的时候，美国空军就计划发展卫星侦察系统，这个计划称为"武器系统117L"，简称"WS-117L"。1956年4月2日，WS-117L系统计划办公室公布了第一个完整的侦察卫星发展计划，预计在 1963 年的第三季度具有完全运行能力。

1957 年 10 月 4 日，苏联成功地发射了世界上第一颗人造地球卫星。几个月后，艾森豪威尔总统授权加速发展照相侦察卫星计划，该计划的名称为"日冕"，但为了掩人耳目，对外称为发现者系列卫星计划。根据媒体宣传的内容，发现者系列卫星计划的目的是探索地球周围的空间环境，其实，发现者系列卫星也是军事卫星。从 1959 年 2 月到 1962 年 2 月，美国共发射了 38 颗发现者卫星，其中 12 颗未入轨，12 颗回收失败，12 颗回收成功，另外 2 颗是导弹预警实验卫星。通常所说的日冕计划，指照相侦察卫星 KH-1、KH-2、KH-3、KH-4、KH-4A 和 KH-4B。KH 是 Key Hole（锁眼）的缩写，意思为能透过门锁的锁眼窥视房屋里面的秘密。KH 后面的数字表示不同型号的照相机。由此看出，日冕计划曾使用了两个代号，这就导致媒体在谈到美国侦察卫星计划时，有的用发现者系列卫星计划，有的用日冕计划。

日冕计划执行时间从 1959 年 6 月到 1972 年 5 月，这期间共发射 144 颗卫星，其中 102 颗卫星返回了有用的图片。

苏联的侦察卫星计划

在美国大力发展间谍卫星的时候，苏联也没有闲着，他们与美国在思考相同的问题：卫星上的胶卷怎样输送，照完的胶卷怎样返回地面。针对以上问题，美苏两国采取了不同的技术路线。美国是将用过的胶卷放入返回舱，返回前卫星下降，在合适的位置将返回舱抛出，返回舱下落到一定高度时能打开降落伞，人们用飞机在空中挂住降落伞，将其拖回机舱；如果这个过程失败，返回舱降落到大海上，相关人员再组织海上打捞。而苏联别出心裁，不仅使胶卷返回，还使照相机一起返回，而且使它们在陆地着陆，没有飞机接应，完全依靠降落伞。这样做的好处是照相机可以重复使用，缺点是返回舱体积和质量大，安全系数低。

苏联首先发展的是天顶（Zenit）系列侦察卫星。该卫星在 1961 年到

1994 年期间运行，是世界航天史上发射数量最多的卫星类型，前后共发射了 500 多颗。

随着更多间谍卫星投入运行，人们更加深入认识到卫星侦察的优势。通过卫星侦察系统，可长期、连续地对重点地区的军事设施、兵力部署、作战装备等进行监视，使敌方或潜在对手始终处于己方监视之下。与其他情报侦察系统相比，卫星侦察系统具有许多独特的优点：

● 侦察范围广、覆盖面积大。在同样的视角下，卫星所覆盖的侦察范围是飞机的几万倍。例如，运行在离地面 150 ～ 200 千米高的轨道上的成像侦察卫星能把 4 万多平方千米的地区拍摄在一张图片上，这样一张图片抵得上几十张，甚至几百张航空侦察图片；运行在离地面 35786 千米高的地球同步轨道①电子侦察卫星，甚至能侦察监视整个地球表面 2/5 地区。

● 运行速度快。在近地轨道上运行的侦察卫星，飞行速度高达 7.9 千米 / 秒，是美军 U–2 侦察机的 35 倍，每天可绕地球飞行 16 圈。

● 可定期或连续地监视某一地区。低轨侦察卫星每天可绕地球飞行十几或数十圈，可侦察纬度较低的地区 1 ～ 2 次。若发射多颗卫星组网，即可缩

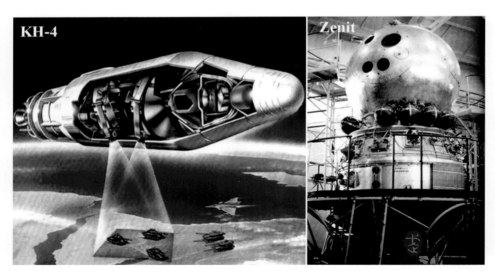

▲ 美苏最早发展的间谍卫星

---

① 地球同步轨道指位于地球赤道上方，距离地球表面 35786 千米的轨道。在这个轨道上运行的卫星，围绕地球运动的角速度与地球自转角速度相等，因此从地球上看，卫星是静止的。

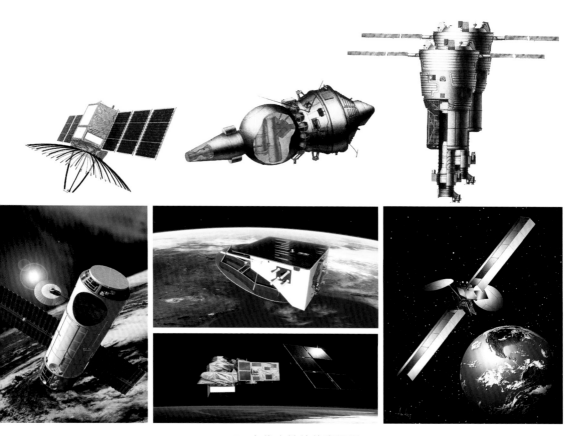

▲ 有代表性的侦察卫星

短侦察该地区的时间间隔。若采用地球同步轨道侦察卫星，则能连续不断地监视某一地区。

● 侦察行动无外交纠纷。卫星侦察可不受国界、地理和气候条件限制，自由飞越地球上任何一个地区，畅通无阻。

为了使读者全面地了解间谍卫星发展的历程，本书基本上按照时间顺序介绍各个历史时期间谍卫星发展情况：

冷战时期指第二次世界大战结束后到1991年。这期间的侦察卫星数量多，发展快，发展侦察卫星的国家以美国和苏联两个超级大国为主体。

冷战结束后，卫星侦察技术发展迅速，有能力发展侦察卫星的国家遍及全世界。

现代间谍卫星是指21世纪开始到现在正在运行的卫星。

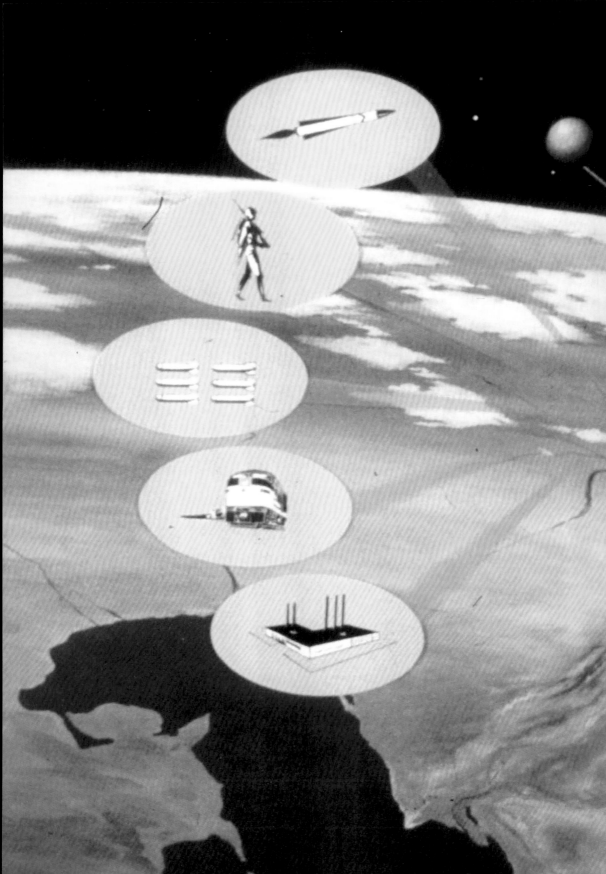

第 2 章

冷战时期的间谍卫星

冷战指的是从 1947 年至 1991 年，以美国为首的资本主义阵营和以苏联为首的社会主义阵营之间的政治、军事对抗。这一时期，美苏竞相发展各自的间谍卫星，从光学照相卫星，到电子侦察卫星，侦察手段不断提高。

本页图为美国的萨默斯卫星，属于 20 世纪 60 年代早期的一个侦察卫星计划。

美国的照相侦察卫星

日冕卫星及其社会效应

在美国决定加速发展照相卫星侦察计划后，日冕卫星的研制工作遇到了许多技术难题。例如，怎样使卫星实现三轴稳定，如何保证照相机在寒冷的真空环境中正常运行，怎样保证拍摄的胶片安全返回到地面等。在技术人员攻克了一个个难关后，第一颗日冕卫星 KH–1（发现者 4 号）于 1959 年 6 月 25 日发射，但此次发射失败，卫星未能入轨。接着美国又连续发射了 8 次，都以失败告终。第 10 次发射（发现者 13 号，1960 年 8 月 10 日）虽然成功，但它是试验性的，没有带胶卷，回收舱内只携带了美国国旗。第 11 次发射（发现者 14 号，1960 年 8 月 18 日）终于获得圆满成功。该卫星在轨 1 天多的时间，围绕地球运行 17 圈，有 7 次飞越苏联。返回的胶卷长约 900 米，照片覆盖苏联和东欧 422 万平方千米的面积，比 U–2 侦察机多年侦察面积的总和还多，这其中包括苏联的 64 个机场和 20 个新的地对空导弹发射场。但照片的地面分辨率只有 10 米，还不能提供更详细的情报。

KH–1 携带了一台全景照相机，焦距为 61 毫米，胶片宽度为 70 毫米。

在日冕计划之前，美国不清楚苏联究竟有多少洲际弹道导弹（ICBM）。1958 年，美国估计苏联到 1962 年将拥有 500 枚洲际弹道导弹，这个估计是依据少量情报和苏联的生产能力。1 年以后，

▲ KH–1 照相机的结构图

估计值降低了一点儿，但仍然有 250 ～ 350 枚。这些估计当然是极端保密的，但估计的中心内容也通过媒体透露给了公众，于是在公众中产生了这样的概念：美国与苏联之间的导弹数量有很大的差距。

在日冕卫星没有获得可靠图像之前，美国的 4 个情报部门又对苏联导弹数量进行了估算，结果相差很大，空军估计到 1963 年数量为 700 枚，海军和陆军都认为是 150 枚，而中央情报局（CIA）估计数为 400 枚。空军有自己的打算，如果苏联战略导弹的数量远超过美国，政府就会加大对空军战略轰炸机的资助力度。

1960 年 8 月的日冕任计划时间上非常接近美国大选，很可能会影响选举结果。为此，艾森豪威尔非常重视，在 KH-1 第 10 次发射成功并将美国国旗返回到地面后，他亲自去察看 KH-1 的回收舱。

▲ 艾森豪威尔察看 KH-1 回收舱携带的美国国旗

（1）降落伞带着回收舱缓缓下落。离地面 18 千米时，减速伞张开；离地面 15 千米时，主伞张开，下降速度逐渐降至 9 米 / 秒。

（2）经过改装的 C-119 货运飞机以 300 千米的时速，在 3 千米以上高度预定空域巡逻，发现目标后，飞机朝降落伞飞去。

（3）飞机飞到降落伞的上面。

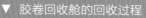

　　侦察卫星送回的胶卷回收舱多半是在空中回收的，回收过程胜似一场空中杂技表演：一架经过改装的C-119运输机，从缓缓下降的挂有胶卷回收舱的降落伞上方飞过，从机身下方伸出一个悬钩，钩住降落伞，切断伞绳，使降落伞收缩，然后将降落伞和胶卷回收舱一起拖进飞机的货舱。

　　空中回收不是每次都能成功，有时几次试钩都没有钩住降落伞，只好让降落伞带着胶卷回收舱一起降落在海面上，然后派直升机吊一名潜水员下去，将绳子系在回收舱上，用直升机将回收舱吊起，送往附近的船上。

▼ 胶卷回收舱的回收过程

（4）飞机用尾钩钩住降落伞。

（5）飞机用绞车将回收舱和降落伞拖回机舱。

KH-2 在 1960 年 10 月到 1961 年 10 月期间运行，共发射 7 次，4 次成功回收胶卷。

KH-3 运行期间是 1961 年 8 月至 1962 年 1 月，共发射 9 次，成功回收 5 次。

KH-4 携带了两台全景照相机，两台互成 30°角，一台前视，一台后视，可以获得同一地点的立体像对。运行期间是 1962 年 2 月至 1963 年 12 月，共发射 26 次，成功回收 20 次。

KH-4A 运行期间是 1963 年 8 月至 1969 年 10 月，使用 2 个全景照相机，携带 2 个胶片回收舱。共发射 52 次，回收 94 次。地面分辨率提高到 2.75 米。

KH-4B 运行期间是 1967 年 9 月至 1972 年 5 月，使用 2 个旋转全景照相机，携带 2 个胶片回收舱。共发射 17 次，回收 32 次。地面分辨率提高到 1.8 米。

到 1972 年日冕计划结束为止，卫星共执行了 144 次任务，其中 102 次成功，共拍摄了长达 64 万米的胶片。

在日冕卫星成功地返回了 3 个带有胶卷的回收舱后，1961 年 9 月 21 日，美国中央情报局作出了题为"苏联远程弹道部队的力量与部署"的第 11–8/11–16 号国家情报预测报告。报告说："现在我们估计苏联当前洲际导弹力

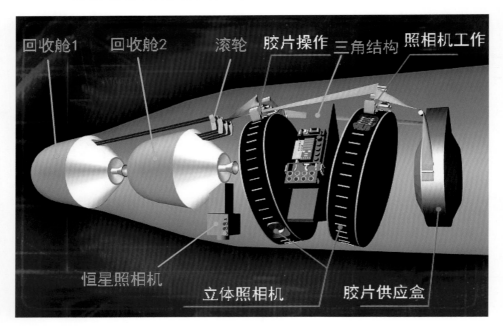

▲ KH–4 的内部构造（前面部分）

量在这样的一个范围，即大约有 10 个至 25 个发射台能向美国发射导弹。在随后的几个月里，这种能力不会有显著的增加。"这个结果令美国人喜出望外。报告预测到 1963 年苏联的洲际导弹将增加到大约 100 枚。而 1 年前空军的估计数是 700 枚，相差如此之大！9 个月后，新的报告又将苏联的洲际导弹数量减少为 10 枚。当苏联只有十几枚洲际导弹时，美国却拥有了 3 倍于此的宇宙神洲际导弹，以及 80 枚北极星潜地导弹、600 架 B-52 轰炸机和更多的 B-47 轰炸机。现在美国人明白了，导弹差距确实存在，但占优势的不是苏联，而是美国。这个结果对美国的意义不言自明，今后美国不必担心苏联的导弹威胁了，没必要花几十亿美元去与苏联搞平衡了，美国在国际舞台上的腰杆更硬了。

　　日冕卫星辨别出苏联 5 个在建的洲际弹道导弹发射场，其中有 2 个是 U-2 侦察机没有辨别出来的，并且发现苏联在这些发射场周围建立了地对空导弹发射台，每种类型的导弹都有自己特殊的建筑安排、支撑设备和地对空导弹群。到 1961 年 8 月，根据对卫星图片的分析，可以辨别出导弹的类型，如

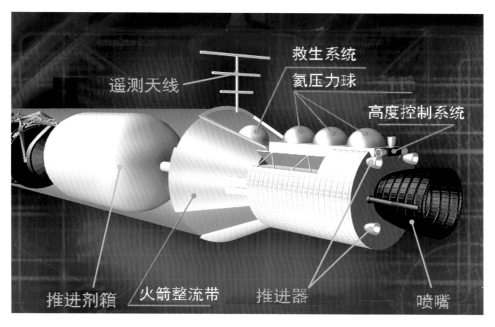

▲ KH-4 的内部构造（后面部分）

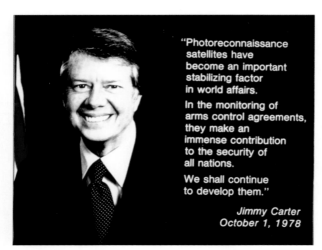

"Photoreconnaissance satellites have become an important stabilizing factor in world affairs.
In the monitoring of arms control agreements, they make an immense contribution to the security of all nations.
We shall continue to develop them."

Jimmy Carter
October 1, 1978

▲ 美国总统卡特对发展侦察卫星的题词

SS-6、SS-7 和 SS-8 是洲际弹道导弹，SS-4 和 SS-5 是中程弹道导弹。

美国开始有恃无恐了。1961 年秋，当苏联领导人赫鲁晓夫又借柏林问题对美国发出威胁时，年轻气盛的新任总统肯尼迪认为该是告诉苏联人事实真相的时候了。10 月 6 日，他在与苏联外长葛罗米柯就柏林危机问题进行会谈时，告诉对方美国已经通过卫星照片准确掌握了苏联洲际导弹的数量，并暗示这些卫星照片使美国战略空军司令部的轰炸机飞行员和导弹控制人员准确地掌握了苏联重要目标的位置。为了使葛罗米柯了解他这些话的真实性，肯尼迪还把几张卫星照片拿给他看，上面显示了苏联空军基地和洲际导弹的设施。两人会见的 11 天后，赫鲁晓夫做出了一个让苏联和全世界都感到吃惊的决定，他宣布撤销苏联发出的解决柏林问题的最后通牒。

这就是日冕计划给美国带来的回报。美国总统卡特于 1978 年 10 月 1 日对发展侦察卫星题词："侦察卫星成为世界事务中重要的稳定因素。在监督军备控制协议中，对国家安全做出了巨大贡献，我祝愿侦察卫星事业不断发展。"

第一代测绘卫星——KH-5

KH-5 也称氩卫星，从 1961 年 2 月至 1964 年 8 月，共发射 12 次，失败 7 次。卫星的轨道高度为近地点 290 千米，远地点 650 千米。卫星的质量为 1150 ～ 1500 千克，分辨率为 140 米，幅宽为 556 千米。

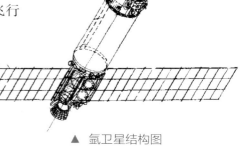

氩卫星的任务跟以往的卫星有所不同，主要是绘制地图，因此它不要求高的分辨率，但要求每次飞行的覆盖面比较大。

测绘卫星的测绘照相机的特点与侦察卫星的侦察照相机不同，它的图像的几何质量是首要考虑因素。氩卫星测绘照相机的焦距为 76 毫米，胶片宽 127 毫米，装片量为 1300 米，采用气动方式使胶片展平，展平板上有校正网络。

▲　氩卫星结构图

火绳系列卫星——KH-6

KH-6 也称火绳，在 1963 年 3 月 18 日至 1963 年 7 月 31 日期间发射。火绳的地面分辨率为 1.8 米，照相机拍摄地面一幅图的尺寸为 14 千米 ×74 千米。

火绳的照相机与以前使用的照相机不同，焦距加长，并在镜头前加平面反射镜。照相机的主要参数是：焦距 1676 毫米；镜头由 6 片组成，镜头摆动实现全景摄影；片宽 127 毫米；装片量 2600 米；设计分辨率 0.66 米；每幅照片覆盖面积 16 千米 ×193 千米。火绳共研制了 5 颗，飞行了 3 次，仅有 1 颗成功，分辨率低于设计值。研制火绳系列卫星是想尝试同时完成详查和普查任务，但并没有成功。

鹰的眼睛——KH-7、KH-8

KH-7 和 KH-8 的地面分辨率有很大提高，因此被称为"鹰的眼睛"。这两个型号的卫星还有另一个名字，叫"后发制人"。

"后发制人"的条幅照相机使用了宽 22.9 厘米的大幅面胶卷，照相机由大型聚光主镜、较小的副镜和大型影像反射镜组成。卫星在轨道上水平飞行

时，影像反射镜将来自地面的光线反射到照相机内，其作用有点类似潜望镜。图片拍摄过程如下：卷片机构使胶卷缓慢移动，从一狭缝前经过，胶卷移动速度与卫星运动在照相机内生成的图像的移动速度相等。换言之，若卫星不动，则条幅式照相机不工作。由于卫星总是以恒定的速度运动，条幅式照相机能在理想状态下工作。

KH-7 与日冕卫星一样，拍摄好的胶卷收藏在回收舱内返回地面。

KH-7 最初的地面分辨率为 1.2 米，到 1966 年提高到 0.6 米。照相机可以拍摄宽 22.2 千米、长 9 ～ 740 千米范围内的图像。

在开发 KH-7 照相机之前，美国空军和中央情报局就认识到红外扫描仪和多光谱扫描仪的光谱区分能力对军事目标判别有重要意义，所以在高空侦察机红外成像遥感器的基础上，为 KH-7 和 KH-8 研制了红外扫描仪。美国一家公司研制了多光谱扫描仪。

KH-7 共发射了 38 颗，34 颗返回了胶卷，30 颗返回了可用的图像。每颗卫星在轨运行持续 1 ～ 8 天，KH-7 在轨总共运行 170 天。

▼ 在美国国家博物馆展出的 KH-7

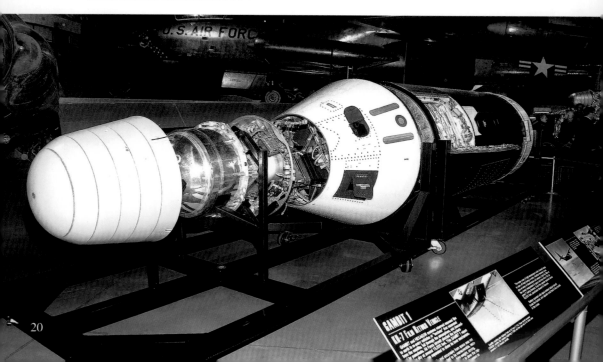

▼ KH-7 的内部结构

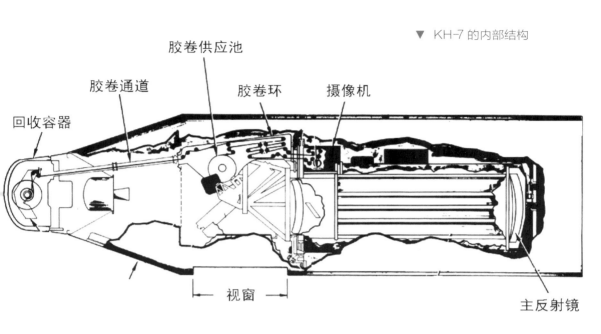

回收容器

胶卷通道

胶卷供应池

胶卷环

摄像机

视窗

主反射镜

▼ KH-7 的侧视

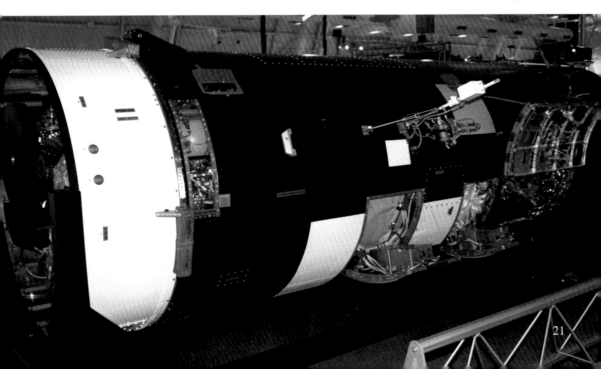

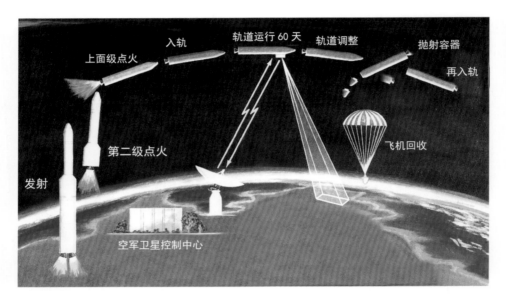

上面级点火　入轨　轨道运行60天　轨道调整　抛射容器

再入轨

第二级点火

发射

飞机回收

空军卫星控制中心

▲ KH-7 的飞行过程

　　KH-7 从 1963 年开始运行，在运行期间详细地拍摄了世界的很多"热点"，大多数图片是关于中国和苏联的核设施和导弹设施。由 KH-7 拍摄的照片大约有 19000 幅，在 2002 年解密。

　　1964 年上半年，美国当局已经确信中国正在积极研制核武器，并将很快进行第一颗原子弹的试爆工作。1964 年 9 月 29 日，美国国务卿拉斯克突然宣布："中国已经做好了试爆首颗原子弹的准备，不久即将举行试爆……"

　　果然，在拉斯克预言半个多月后的 10 月 16 日，我国第一颗原子弹试爆成功了。为了侦察我国试爆原子弹的情况，美国国家侦察局动用了多颗锁眼系列侦察卫星。

　　此后，KH-7 对怀疑与高级武器有关的我国的一些设施进行了长期、详细侦察：1967 年 5 月对我国双城子导弹中心进行了高分辨率成像；1974 年对我国的一部平面阵列天线进行了拍照。

目标：美国首都华盛顿
时间：1966 年 2 月 19 日

▲ KH-7 拍摄的华盛顿

目标：苏联空间跟踪雷达
时间：1967 年 5 月 28 日

▲ KH-7 拍摄的苏联空间跟踪雷达设施

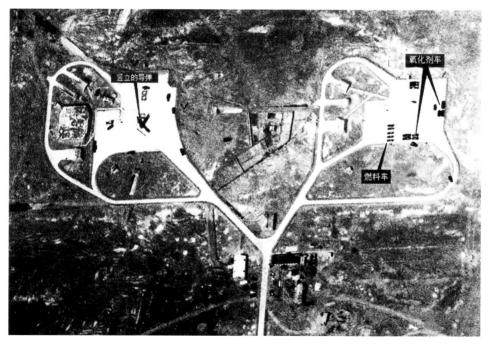

竖立的导弹

氧化剂车

燃料车

▲ 美国公布的 KH-7 拍摄的中国双城子导弹中心图片

　　KH-8 是长寿命侦察卫星系列，是低高度侦察平台，运行时间是从 1966 年 7 月到 1984 年 4 月。卫星所拍摄的图像分辨率优于 0.1 米。每颗卫星重 3000 千克，总共发射 54 次。

　　KH-8 的主摄像机 KH-8B 的焦距为 4.46 米，是一个条幅式摄像机，设计用于收集高分辨率的地面目标图像。KH-8 能记录 5 ～ 10 厘米的地面特征，也能记录轨道物体，对苏联的卫星进行拍照。

▼　在美国国家博物馆展出的 KH-8 负载部分

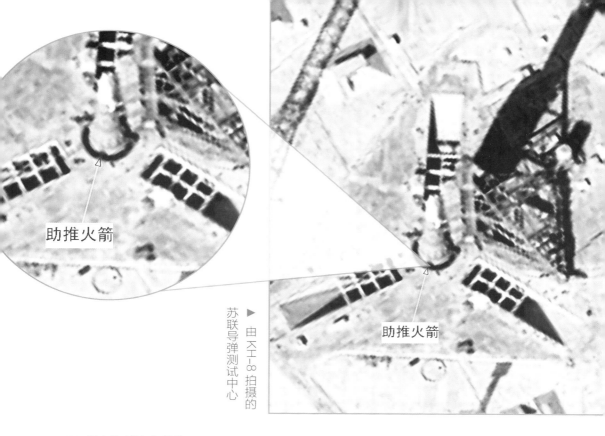

助推火箭

助推火箭

▶ 由 KH-8 拍摄的
苏联导弹测试中心

▼ 展出的 KH-8 整体

大鸟卫星——KH-9

　　俗称"大鸟"的 KH-9 代表了美国光学照相侦察卫星向综合型侦察卫星发展的趋势，它既能普查，又能详查。这种卫星在 1971—1986 年发射了 20 次，成功 19 次，这 19 次的平均轨道寿命为 138 天，最长达到 275 天。KH-9 长 16.21 米，最大直径 3.05 米，重达 13.3 吨，成像的分辨率可达到 0.61 米，并能获得立体图形，带有 4 ～ 5 个回收舱，能分批回收胶片。

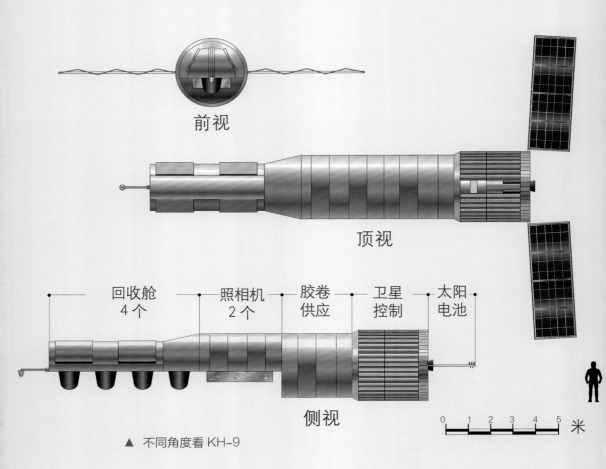

前视

顶视

回收舱
4 个　　照相机
2 个　　胶卷
供应　　卫星
控制　　太阳
电池

侧视

0 1 2 3 4 5 米

▲ 不同角度看 KH-9

▼ 吊装的 KH-9，形状像一列火车。

27

▲ 展出的 KH-9

KH-9 兼有普查和详查两种功能：在高轨道的时候，可以进行大面积普查；如果发现可疑目标，又能降低高度，对目标详细观察，拍摄更高分辨率的照片。进行详查时的地面分辨率实际可能达到 0.3 米，能分辨出带有长阴影的单个人，能看清比汽车还小的物体。

KH-9 所担任的间谍侦察任务繁多，身兼数职，既对地球表面做普查侦察，也对重要目标做详查侦察；既要对目标进行照相，又要对各地的电磁波进行监收；更奇妙的是，这只"大鸟"还常常驮着"小鸟"飞上太空，然后"卸下"这些"小鸟"，带着它们在外层空间漫游，即由大卫星（母星）和一两颗小卫星组成一个"间谍卫星家族"。在 KH-9 的 19 次飞行期间，有 6 次释放了小的电子侦察卫星，使其飞到更高的轨道，收集苏联防御雷达的信息、通信信号以及导弹和卫星遥测信号。有 2 次发射还释放了科学小卫星。

KH-9 有 3 种轨道机动方式，即水平机动、垂直机动和回避机动。回避机动主要用于躲避敌方卫星的袭击。为了延长卫星的寿命，星上发动机每 7 至 10 天启动一次，以提升轨道高度。

间谍卫星具有侦察范围广、飞行速度快、遇到的挑衅性攻击较少等优点，美苏两国都对它格外钟情，把它当作"超级间谍"来使用。当时美、苏两国的战略情报有 70% 以上是通过间谍卫星获得的。1973 年 10 月中东战争期间，美、苏竞相发射卫星来侦察战况。KH-9 拍摄下了埃及二、三军团的接合部没

▲ KH-9 的侧视图

▲ KH-9 的尾部

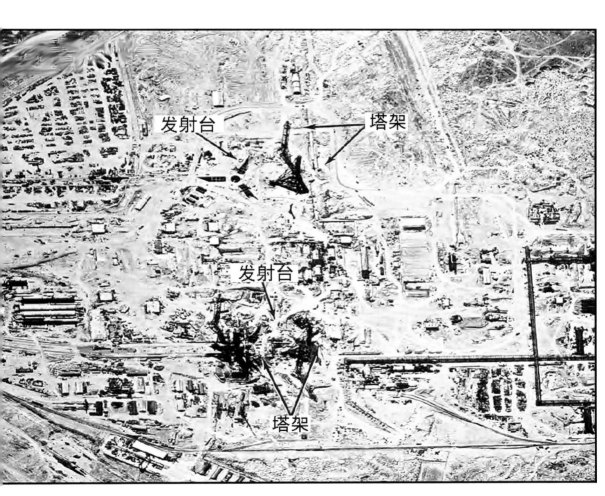

发射台　　　　　　塔架

发射台

塔架

▲ 由 KH-9 拍摄的苏联导弹测试场

Tgt: Moscow, Russia
Mission: # 1215-5 / Op 117 / Fr. 9
Date: 06 April 1979   10X

▲ 由 KH-9 拍摄的莫斯科城

有军队设防的照片，并将此情报迅速通报给以色列，以军装甲部队便偷偷渡过苏伊士运河，一下子切断了埃军的后勤补给线，转劣势为优势。与此同时，苏联总理也带着苏联间谍卫星拍摄的照片，匆匆飞往开罗，劝说埃军停火。

KH-1 到 KH-9 都属于胶片返回型照相侦察卫星，这种卫星可以提供高分辨率的图像情报资料，但是在回收和处理方面速度较慢，这削弱了它在突然爆发的危机中的使用价值，不能提供及时的数据。所以在 KH-9 之后，美国转为采用传输型的照相侦察卫星。同时，美国的航天飞机上也装有高分辨率的胶片型照相机，飞行时可以进行照相侦察。

▲ KH-9 的胶卷回收舱及利用降落伞的回收过程

萨默斯

SAMOS 是英文"卫星与导弹观测系统"的缩写,是 20 世纪 60 年代早期的一个侦察卫星计划。卫星运行在通过南北两极的极轨轨道,用照相机和电视摄像机两种方式进行侦察,照相机获得的图片通过胶卷返回舱返回到地面。后期的卫星具有电子侦察功能。从 1960 年 10 月到 1962 年 11 月,该卫星至少发射了 11 次,该计划的部分内容目前仍未解密。

美国的电子侦察卫星

长着大耳朵的"间谍"

照相侦察卫星，可以比作天上的"眼睛"，通过照相，直接看到地面的情况。战场上还有一些"眼睛"无法看到的情报，如敌人的无线电通信、地面以下的武器装备部署等，这些蛛丝马迹可以交给天上的"耳朵"来搜寻，这个"耳朵"就是电子侦察卫星。

电子侦察卫星亦称"信号情报卫星"，主要任务是搜寻无线电波，包括敌方雷达、通信和武器遥测等系统所发出的电磁信号，并测定信号源的地理位置。卫星所载电子侦察设备由接收机、天线和终端设备组成。卫星对侦收的电磁信号进行预处理后，将其发送到地面接收站，以分析电磁信号的各种参数，对信号源进行定位或破译，从中提取出有价值的军事情报。主要任务有两方面：（1）收集电子信号情报，包括导弹遥测信号和雷电信号。通过截获、分析这些无线电信号，可以确定雷达、舰艇、导弹等军事目标的位置。（2）收集通信信号情报，通过截获、检测和监听无线电通信，确定敌方军队电子技术设备的作战编组以及指挥关系，通过破译还可以直接获取他们通信的具体内容。

美国是世界上最早研制、发射并使用电子侦察卫星的国家，在卫星的数量、类型、技术性能以及应用等诸多方面代表着当今世界最高水平，现在已经发展到第五代。第一代卫星有"告密者""雪貂"；第二代主要有"峡谷""流纹岩"和"弹射座椅"；第三代有"漩涡""大酒瓶"和"号角"；第四代主要有"水星""高级猎户座"、空军天基广域监视系统和海军天基广域监视系统；正在发展的第五代主要是联合天基广域监视系统。这些卫星虽然大多数已经陆续退役，但它们展现了美国电子侦察卫星发展的完整轨迹，表现出人类科技不断前进的坚实步伐。

第一代电子侦察卫星

美国第一代电子侦察卫星主要有"告密者"和"雪貂"。

1960 年 6 月 22 日，世界上第一颗电子侦察卫星"告密者 1 号"（Tattletale-1）发射升空，该星是在"银河辐射与背景"（GRAB）科学卫星的幌子下隐藏的秘密军事卫星，属于详查型电子侦察卫星。告密者 1 号共发射 5 次，只有 2 次获得成功。告密者 1 号在运行期间，获得了苏联地面防空雷达的信息。

在 1962 年 2 月到 1971 年 7 月期间，美国空军和美国国家侦察局发射了 16 颗"雪貂"（Ferret）系列电子侦察卫星。

"雪貂"侦察卫星比较独特的设计在于它的轨道，它的轨道通过地球南北两极的极地轨道，主要是针对苏联很多位于高纬度的目标而设计的，但需要多星组网才能保证全天时侦察。

▲ "告密者 1"号卫星的展出模型（左）和发射前的情况（右）

第二代电子侦察卫星

美国第二代电子侦察卫星主要有"峡谷""流纹岩"和"弹射座椅"。

"峡谷"（Canyon）系列卫星在 1968—1977 年发射，总共发射 7 次，成功 6 次。每颗卫星重 700 千克，安装有 10 米直径的抛物面天线。该卫星最初叫"幽灵鸟"（Spook Bird），采用准同步轨道，主要用于监听苏联的无线电通信。

"流纹岩"（Rhyolite）卫星采用直径 20 米的伞状天线，能侦察截获导弹遥测信号和从超短波到微波的各类通信信号，至 1978 年 4 月 7 日，共发射了 4 颗卫星。

第一颗"弹射座椅"（Jumpseat）卫星是在 1971 年 3 月 21 日发射的，最后一颗是在 1987 年 2 月 21 日发射的，总共发射了 9 颗。卫星重 700 千克。天线的孔径约 21 米，轨道倾角为 63°，使得美国能够搜集到北方高纬度地区的无线电信号和该地区向苏联通信卫星发送的上行通信信号。"弹射座椅"卫星的轨道与"卫星数据系统"（SDS）卫星一样，而且开发时间相近，再加上美空军曾宣称它为"高级通信卫星"，致使长期以来都把这种卫星当成 SDS 卫星，其真相直到 1990 年 4 月才被披露。20 世纪 90 年代，"号角"（Trumpet）卫星取代了"弹射座椅"卫星。

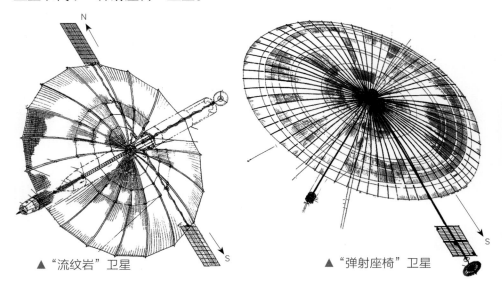

▲ "流纹岩"卫星　　　　　　▲ "弹射座椅"卫星

第三代电子侦察卫星

美国第三代电子侦察卫星主要有"漩涡""大酒瓶"和"号角"。

"漩涡"（Vortex）最早称"小屋"（Chalet），从 1978 年到 1989 年，共发射了至少 6 颗。每颗卫星重 1800 千克，携带了直径 38 米的伞状天线。正常寿命为 5 ～ 7 年。

1985 年 1 月 24 日，美国发射了"大酒瓶"（Magnum）新一代准同步轨道电子侦察卫星，以取代"流纹岩"。"大酒瓶"质量为 2200 ～ 2700 千克，采用直径 100 米的大型伞状天线，能够截获更多、更微弱的信号，设计寿命 10 年。其主要任务是收集苏联、中国以及邻近国家的军事通信信息。"大酒瓶"卫星共发射 2 颗，20 世纪 90 年代以后，它被"高级猎户座"（Mentor）卫星取代。

▼　电子侦察卫星性能的一个重要指标是伞状天线的直径，直径越大，接收到的信号越多，下图为"大酒瓶"卫星，它的伞状天线直径为 100 米，能够截获更多、更微弱的信号。

在现代战争中，电子侦察卫星已成为获得情报不可缺少的手段。1991 年海湾战争中，美国在空袭伊拉克前几个月就开始通过电子侦察卫星搜集掌握了大量的伊军电子情报。美国利用这些情报在空袭前几十分钟开始对伊展开电子战，使伊大部分雷达受到强烈干扰而无法正常工作，无线电通信全部瘫痪，连巴格达电台的广播也因干扰而无法听清。据报道，萨达姆与前线作战指挥官的通话，甚至战场分队之间的通话，均被美国的电子侦察卫星所窃听。因此，电子侦察卫星在战争中的作用是极其重要的。

海上谍影——美国的海洋监视卫星

当代战争的一个重要战场，是占地球表面积71%的海洋，那里蕴藏的巨大资源以及在海上交通方面的重要作用，使其成为各国竞相争夺与守护的阵地。

由于海洋监视卫星覆盖的海域广阔，探测目标多而且是活动的，所以它的轨道较高，并且多采用多星组网体制，以保证连续监视。

海洋监视卫星问世以来，广泛用于发现和跟踪海上军用舰船，探测海洋各种特性。海浪的高度、海流强度和方向、海面风速、海水温度和含盐量等数据，都是极为宝贵的军事情报。苏联和美国都先后发射了这种卫星。

飘在海上的几朵白云——"白云"系列卫星

世界上典型的海洋目标监视系统是美国的"白云"（White Cloud）系统。该系统于20世纪60年代末开始建设，共发展了三代。第一代的运行时间从1976年到1987年，第二代从1990年到1996年，第三代从2001年到2007年。美国至少发射了9颗"白云"电子型海洋监视卫星。

　　"白云"系统最大的特点是采用了星座的编制形式。因为海洋侦察卫星需要侦察的范围广，所以卫星轨道不能过低，同时要求精度高，侦察目标大多为动态目标，所以采用星座式是最理想的编制方式。前两代的"白云"系统每个星座均由 1 颗主卫星和 3 颗子卫星组成。其中，子卫星装有射频天线，通过射频天线测定的电子信号到达时间，来计算出目标舰船的距离和方位。

　　相对而言，第三代"白云"系统比前两代在功能和技术性能上有了很大的提高，主要体现在：（1）主卫星用高级 KH-11 和长曲棍球成像侦察卫星替换了红外扫描仪和毫米波辐射仪，使海洋监视卫星成为可对动态目标快速定位，具有可见光、红外线、微波等多种侦察手段的复杂系统；（2）采用了新

的设计基线和经过改进的侦察与数据转发设备，在卫星上取消了对射电天文台造成干扰的转发器；（3）除携带被动射频传感器外，还携带了电光/红外成像传感器，从而使卫星能够探测到潜艇为冷却反应堆排放的热水余迹，达到跟踪水下潜艇的目的；（4）卫星系统对海洋目标进行监视的范围更大，达到每组卫星7000平方千米的侦察区域，在一定条件下还可在108分钟后监视同一目标，由4组卫星组成的系统能够对地球上40°～60°纬度的任何地区每天监视30次以上。由此可见，在布局结构、侦收设备和数据处理设备等方面，经过改进的第三代"白云"系统，对海洋目标进行监视的动态范围、实时性和准确性都有了显著的提高，同时，也很容易满足前面提到的时间分辨率要求。

各种设备的改进和增加在带来系统性能提升的同时，也使第三代"白云"系统卫星在重量和体积上有了较大的增加。其中，主卫星重达7000千克，而前两代的主卫星仅重600千克；第三代系统的子卫星重达300千克，远超过前两代子卫星的质量（45千克）。

"罂粟"卫星

"罂粟"（POPPY）卫星记录电子信号情报数据，目标是苏联海军舰船的雷达设施。

POPPY计划虽然在2005年9月解密，但大多数关于此项计划能力和运行的信息仍是保密的。虽然POPPY卫星与美国其他信号情报系统类似，但此系统定位精度高。所有POPPY系统都发射多颗卫星。第一次POPPY发射2颗卫星，第二、三次都是发射3颗卫星，随后的发射是4颗卫星。从1962年到1971年共有7次发射，均获得成功，计划延续到1977年。

苏联的间谍卫星

天顶卫星系列

天顶（Zenit）卫星是苏联的系列侦察卫星，从 1961 年到 1994 年的 33 年间，共发射了 500 多颗，是世界航天史上发射数量最多的卫星类型。

天顶卫星的基本设计类似于东方号载人飞船。球形返回舱直径 2.3 米，质量约 2400 千克。返回舱内含有摄像机系统、胶卷、信标和降落伞。整个卫星的长度为 5 米，质量为 4000 ～ 4740 千克。

与美国的日冕卫星系统不同，天顶卫星返回舱内的摄像机与胶卷保存在温度控制下的充压环境中，这简化了摄像机系统的设计，使摄像机可重复使用，但增加了卫星的质量。

天顶卫星的轨道是近地点约 200 千米，远地点在 250 ～ 350 千米之间的椭圆轨道。

1961 年 12 月 11 日，天顶 2 号（没有天顶 1 号卫星）首次发射失败。

1962 年 4 月 26 日，苏联再次发射了另一颗天顶 2 号卫星，并获得了成功，拉开了苏联军事航天的序幕。为了保密，其对外名称为"宇宙 4 号"，苏联及后来的俄罗斯所研制的许多军用卫星都混编在"宇宙"系列卫星中，以迷惑外界的视线。首颗卫星计划飞行 4 天，但由于取向系统出现故障，第 3 天就回收了。

1962 年 7 月 28 日发射的天顶 2 号第 4 颗星（宇宙 7 号），是首次获得圆满成功的侦察卫星。该星的轨道是 216 千米×340 千米，倾角 65.3°，轨道周期为 90.1 分钟。飞行 4 天后成功回收。后来发射的卫星大多数在轨运行 8 天。

天顶 2 号卫星携带了 4 台焦距为 1000 毫米的摄像机和 1 台焦距为 200 毫米的摄像机。后者的目的是为高分辨率的图形提供地面的背景。每台摄像机有 1500 帧胶卷，在 200 千米的高度上，每帧像的大小为 60 千米×60 千米。地面分辨率为 10 ～ 15 米。

　　从 1961 年到 1970 年，苏联共发射了 81 颗天顶 2 号卫星，其中 58 颗成功，11 颗部分成功，12 颗失败。

　　天顶 2M 卫星于 1968 年 3 月 21 日首次发射，对外名称叫"宇宙 208 号"，质量约 5.9 吨，运行在高 208 ～ 274 千米、倾角 65° 的近地轨道，工作寿命 12 天。这一代卫星使用的时间较长，发射的数量也较多，共发射 96 次，4 次失败，为苏联情报侦察做出很大贡献。其中 1977 年 7 月 20 日发射的宇宙 932 号卫星获取了重要信息，发现了南非将在大气层内进行核爆炸试验的证据，并将其公之于众，在国际上掀起轩然大波。结果，来自国际社会的巨大压力最终迫使南非放弃此次核试验。最后一颗天顶 2M 卫星于 1979 年 3 月 31 日上天，具备稳定的机动变轨能力，无论是高分辨率还是低分辨率照相机均能在同一时刻重访特定区域。

　　天顶 4 号卫星是苏联第二代照相侦察卫星，采用的照相机比天顶 2 号照相机大得多，焦距为 3000 毫米，地面分辨率至少为 1 米。但是天顶 4 号卫星没有电子侦察功能。

▼　几种典型的天顶卫星

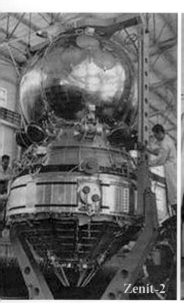

Zenit-2

Zenit-2M

Zenit-4

Zenit-8

天顶 4M 卫星是天顶 4 号卫星的改进型，携带了新型摄像机和太阳能帆板，在轨运行 13 天。首次发射在 1968 年 10 月 31 日，最后一次发射在 1974 年 7 月 25 日。

天顶 4MK 卫星飞行在低轨道，目的是提高分辨率。首次飞行在 1975 年 9 月 25 日，最后一次飞行在 1985 年 9 月 6 日。

天顶 4MT 卫星是天顶 4M 卫星的特殊版本，除了携带摄像机外，还携带了激光高度计和多普勒仪器。首次飞行在 1971 年 12 月 27 日，最后一次飞行在 1982 年 8 月 3 日。

▲　天顶卫星的回收舱

天顶 4MKT 卫星主要用于地球资源与环境监测，首次飞行在 1975 年 9 月 25 日，最后 1 次飞行在 1985 年 9 月 6 日。

天顶 4MKM 卫星的照相机具有更高的分辨率，首次飞行在 1977 年 7 月 12 日，最后 1 次飞行在 1980 年 10 月 10 日。

天顶 6 号卫星既有低高度、高分辨率任务，又有高高度一般飞行任务。从 1976 年到 1985 年，共飞行了 96 次。

天顶 8 号卫星的目的是军事绘图，轨道寿命 15 天。第一次飞行在 1984 年 6 月 11 日，最后一次飞行在 1994 年 6 月 7 日，这也是天顶系列卫星的最后一次飞行。

琥珀卫星系列

琥珀（Yantar）卫星家族构成了苏联 / 俄罗斯太空照相能力的基础。国外有些学者认为，天顶系列卫星构成了苏联 / 俄罗斯间谍卫星的前三代，琥珀系列卫星则构成了第四代和第五代。

与天顶系列卫星不同的是，琥珀卫星携带了附加的发动机，因此变轨能力强，可以随时变化轨道以便拍摄感兴趣的区域。

琥珀系列持续的时间比较长，第一颗卫星于 1974 年 5 月发射，最后一颗卫星于 2012 年 5 月发射，远远超出冷战时期。为了保证对琥珀系列卫星介绍的系统性，我们在本部分进行全面介绍。

琥珀卫星不同于天顶卫星，在轨运行时间为 1 个月，有 2 个胶片回收舱。卫星长 6.3 米，最大直径 2.7 米，总质量 6.6 吨。

苏联 / 俄罗斯的第四代照相侦察卫星包括琥珀–1KFT、琥珀–2K、琥珀–4K1、琥珀–4K2 和琥珀–4K2M。

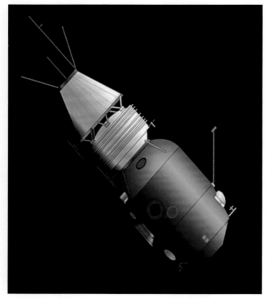

▲ 琥珀卫星

琥珀–2K 是第一个发射的琥珀系列卫星，专用名称是"凤凰"。首颗卫星于 1974 年 5 月 23 日发射，最后一颗于 1983 年 6 月 28 日发射，总共发射 30 颗，现都已退役。

琥珀–4K1 系列卫星共 12 颗，1979 年 4 月 27 日发射第一颗卫星，1983 年 11 月 30 日发射最后一颗，现都已退役。

琥珀–4K2（也称"钴"）是发射数量最多、在轨运行时间最长的卫星系列，首颗卫星于 1981 年 8 月 21 日发射，最后一颗于 2004 年 9 月 24 日发射，总共发射 83 颗，其中失败 4 次。该卫星携带的胶卷回收舱增加到 22 个，在轨运行时间增加到 120 ～ 180 天。目前还有一些卫星在轨运行。

琥珀–4K2M 卫星是琥珀–4K2 卫星的改进型，携带了 3 个回收舱，在 2005—2012 年共发射了 8 颗。该系列卫星在轨寿命是 76 ～ 130 天。

琥珀–4KS1 和琥珀–4KS1M 是电子光学传输型照相侦察卫星，属于苏联 / 俄罗斯第五代照相侦察卫星。从 1982 年 12 月 28 日到 2009 年 11 月 20 日，共发射了 26 颗琥珀–4KS1 卫星；从 1991 年 10 月 7 日到 2000 年 3 月 5 日，共发射了 9 颗琥珀–4KS1M 卫星，卫星的轨道寿命为 10 个月。

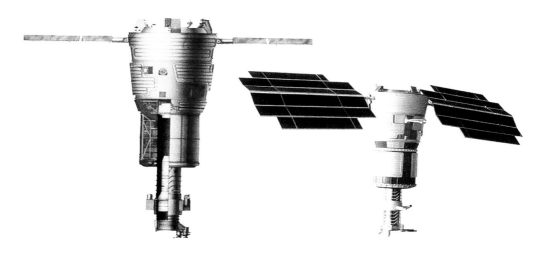

▲ 琥珀 –4K2 卫星

早期预警卫星系统

苏联从 20 世纪 70 年代开始发展天基早期预警系统，主要建设了 2 个不同的预警卫星星座：一个是"眼睛"（Oko/US–KS），另一个是"预报"（US–KMO）。

"眼睛"系统由闪电轨道卫星和地球同步轨道卫星组成，通过探测导弹发动机羽烟产生的红外辐射，辨别弹道导弹发射。

闪电轨道（Molniya Orbit）也称莫尼亚轨道，是地球卫星轨道的一种，为倾角 63.4° 的高椭圆轨道。闪电轨道因自 1960 年起使用此轨道的苏联闪电型通信卫星（Molniya Satellite）而得名。

高椭圆轨道上的卫星在远地点附近速度较慢，因此在远地点附近停留的时间较长。闪电轨道的远地点高度为 40000 千米，位于北纬 63.4° 的上空。卫星在远地点附近时，适合对北半球的俄罗斯、北欧及加拿大进行观测。

"眼睛"卫星属于俄罗斯第一代预警卫星，卫星发射时总质量为 2400 千克。光学系统包括一台望远镜。探测系统包括一台线阵或面阵红外波段固态探测器，用于探测导弹尾焰的红外辐射。

"眼睛"星座能够连续探测从美国领土发射的洲际弹道导弹（ICBM），但是不能发现从潜艇发射的海基弹道导弹。为了保持连续覆盖美国 ICBM 基

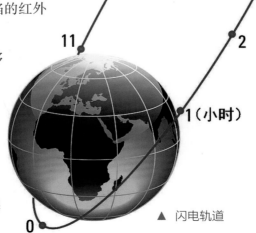

▲ 闪电轨道

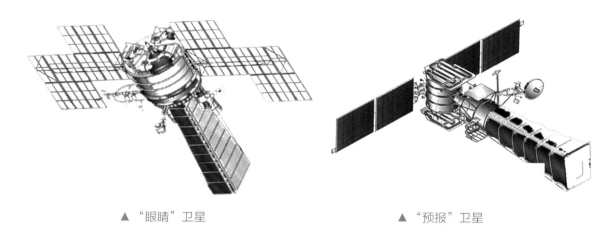

▲ "眼睛"卫星　　　　　　　　　　　　▲ "预报"卫星

地的能力，"眼睛"系统最少需要 4 颗大椭圆轨道卫星。20 世纪 90 年代中期，俄罗斯成功部署了全套"眼睛"系统，能够可靠地探测美国陆基导弹的发射。但是为了维持这种能力，需要每年发射 3 次以补充星座。

　　由于"眼睛"系列卫星不能探测美国以外弹道导弹的发射情况，苏联从 20 世纪 80 年代开始发展新一代早期预警卫星。新型的卫星能够穿过云层探测导弹发射。该系统均部署在大椭圆轨道和地球同步轨道上，被称为"预报"卫星。"预报"卫星重 3 吨，配备直径 1 米的卡塞格林型光学装置，使用单一的硫化铅电荷耦合器件线形阵列（高达 12000 个阵列单元），配有一个 6 瓣型遮光罩（类似照相机的光圈收缩），必要时可以屏蔽光学器件以免受激光照射和反卫星武器的伤害。

　　在以后的介绍中，我们将看到导弹预警卫星展现出更娴熟、高超的预警作用，在战场上发挥越来越大的作用，它们经历了谍报战场的重重考验，成为现代战争中一支越来越重要的力量。

▲ US-A 卫星

苏联的海洋侦察卫星系列

苏联的海洋侦察卫星缩写为 US-A，但西方一般用"雷达海洋侦察卫星"（RORSAT）这个词，于 1967 年到 1988 年发射，主要目的是监视北大西洋公约组织（北约）的海军与商业船舶。卫星的动力为核动力，使用主动雷达。

对于雷达来说，从目标返回的信号与距离的 4 次方呈反比，因此为使观测雷达有效运行，就需要降低高度，到低地球轨道。如果使用大型太阳电池板供电，卫星将受到很大阻力，轨道衰减很快；另外，用太阳能在地球阴影处无法供电，因此苏联的这类卫星采用了 BES-5 型的核反应堆，燃料是铀 235。正常情况下，当卫星将要结束使命时，将卫星推进到高的轨道，该轨道称为"清除"轨道。但是，如果在发射或运行时出现严重故障，核反应堆可能再次进入大气层。

US-A 计划在轨道中总共使用 33 个核反应堆，其中的 31 个是 BES-5 型的，可对雷达提供 2 千瓦的功率。此外，苏联在 1987 年发射了两个大的 TOPAZ 核反应堆（功率为 6 千瓦），安装在宇宙 1818 号和宇宙 1867 号两颗卫星上。这种反应堆能运行 6 个月。

事实上，在 US-A 卫星运行期间，发生了 5 次大的事故，有的事故对地球的大气层造成了严重的核污染。

最后 1 颗 US-A 卫星是在 1988 年 3 月 14 日发射的。

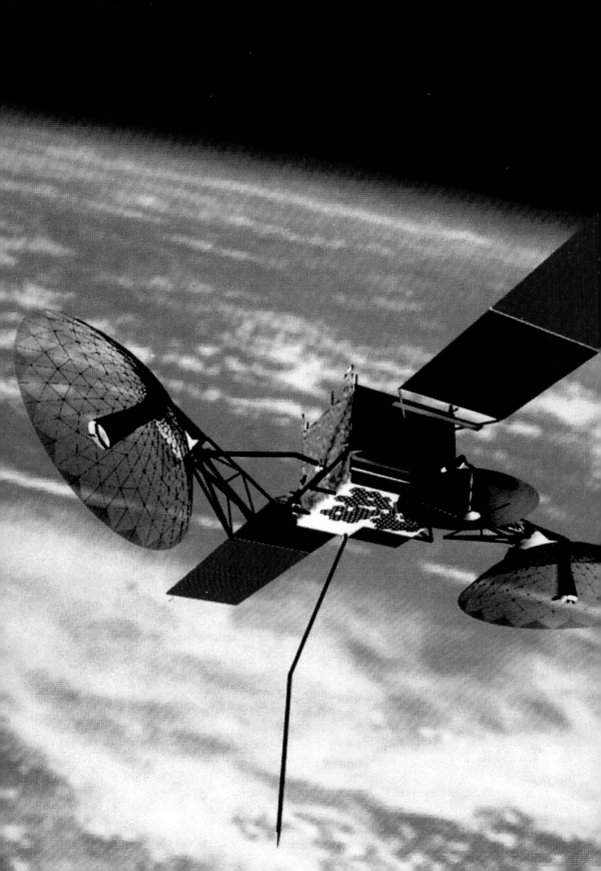

第3章

冷战之后的间谍卫星大本营

1991年苏联解体，宣告冷战结束，美国成为世界上唯一的超级大国，"一超多强"的世界格局逐渐形成，间谍卫星也在这一时期得到了更大的发展，各方面性能均有了长足的进步。

本页图为美国的第二代跟踪与数据中继卫星。

美国新一代间谍卫星

KH-11 卫星

KH-11（锁眼 11 卫星）是美国第一个采用电子光学成像技术的间谍卫星。与以前发射的间谍卫星相比，KH-11 最大的优点是不用胶卷，而是通过通信卫星或跟踪与数据中继卫星系统，实时地将图像数据传到地面站。最初，苏联军方及谍报部门不了解 KH-11 具有发送实时照相信号的能力，因此有许多军事设施都没有隐蔽起来，甚至连导弹发射井的井口也没有掩盖，让美国谍报机关得到了许多高度机密的情报照片。

KH-11 从 1976 年 12 月开始发射，到 2011 年 1 月共发射 15 颗。工作寿命 770 ～ 1175 天。

▲ KH-11

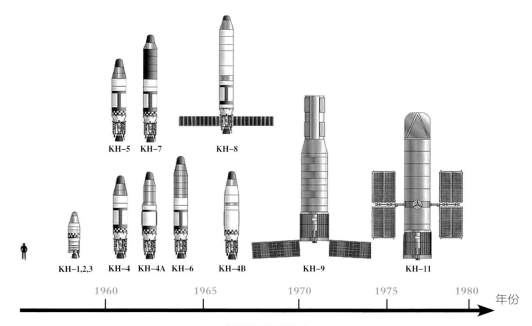

▲ 锁眼卫星的演变

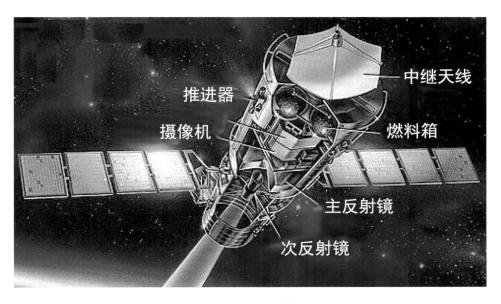

▲ KH-11 在轨飞行示意图

▲ KH-11 拍摄的阿富汗的 Zhawar Kili 地区图像，该地区是塔利班的基地。

初期发射的 KH-11 分辨率低于 KH-9，到 1984 年发射第 6 颗 KH-11，其电荷耦合器件成像系统的分辨率已经达到 0.15 米，优于 KH-9。分辨率提高的原因是卫星的光学系统采用了自适应光学成像技术，在接收机控制下随大气环境灵活地改变主透镜表面曲率，从而有效地补偿了大气层造成的畸变影响。

高级 KH-11 还采用了小像元和多像元、长焦距（3.8 米）等新技术和复杂的卫星稳定控制技术，不但使地面分辨率从初始 KH-11 的 15 厘米提高到 10 厘米，也使瞬时观测幅宽从 2.8～4 千米提高到 40～50 千米。

高级 KH-11 增加了热红外成像仪，从而改善了红外观测能力；采取了防核效应加固手段和防激光武器保护手段，安装了防碰撞探测器；增加了约 4

吨燃料，加强了机动变轨能力，工作寿命由 3 年增加到 8 年，但卫星质量已经达到 19.6 吨。

卫星进行详查所获得的大量数据必须靠跟踪与数据中继卫星，中继卫星的支持也使侦察弧段得到扩展，所以高级 KH-11 装载了数据中继转发器和天线。

雾卫星

雾（Misty）卫星是美国还没有解密的照相侦察卫星，第一颗卫星于 1990 年 3 月由亚特兰蒂斯号航天飞机发射，重 19.6 吨，第二颗卫星于 1999 年 5 月 22 日发射，第三颗卫星于 2012 年发射。

雾卫星具有光学和雷达隐身特性，地面设施难以探测到其轨道特征。至于这颗卫星的目的和照相机参数，目前都是保密的。

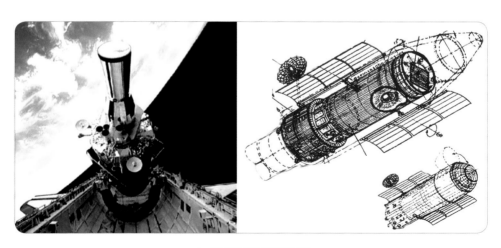

▲　雾卫星及其示意图

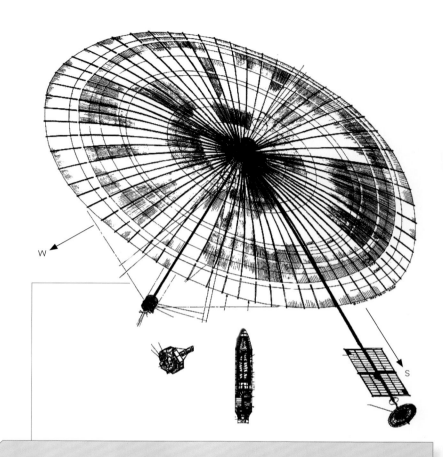

号角卫星，天线的直径达到 150 米。

号角卫星

　　号角（Trumpet）卫星又称先进折叠座椅卫星，美国分别于 1994 年、1995 年、1997 年、2006 年和 2008 年，共发射了 5 颗号角卫星。它们由休斯空间与通信公司制造，重 5200 千克，采用了迄今最先进的星载电子设备、天线和数据传输技术，能够同时监听上千个地面信号，包括地面、空中与核潜艇舰队之间的通信，天线的直径达 150 米。后两颗发射的卫星又称号角后续 –1 和号角后续 –2，两颗卫星还分别携带了 NASA 的广角成像中性原子光谱仪和天基红外预警系统有效载荷。前两颗号角卫星已经退役，目前在轨运行的为后三颗卫星。

高级猎户座卫星

　　高级猎户座（Advanced Orion）卫星又称门特（Mentor）卫星，可截获、监听 100 兆赫兹～20 吉赫兹频段范围的所有信号，包括微弱信号。美国分别于 1995 年、1998 年、2003 年、2009 年和 2010 年，共发射了 5 颗高级猎户座卫星。该卫星的主要用户是美国中央情报局，首要任务是不间断地侦收印度、巴基斯坦、中国、中东、朝鲜、韩国、日本、俄罗斯等国家和地区的通信信号，以作为成像侦察的补充手段，提供政治、军事等信息。该卫星还具有很强的星上信号处理能力和轨道机动能力，该卫星是美国国家侦察局"集成化过顶信号侦察体系 –1"（IOSA–1）计划的一部分。

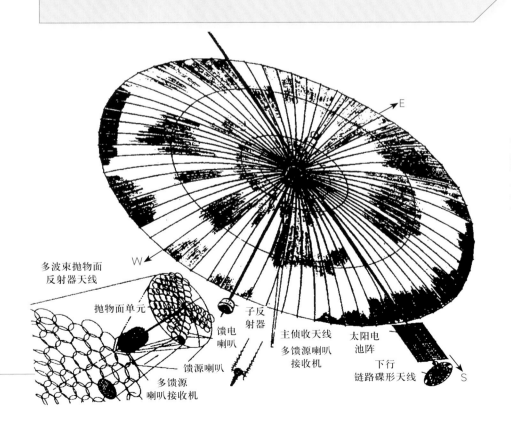

▲ 高级猎户座卫星

水星卫星

　　水星卫星又称为高级漩涡（Advanced Vortex）卫星，该星是由休斯公司制造的电子侦察卫星，重 4000 ～ 5000 千克。星上安装有一个直径约 100 米的大型圆形天线。水星卫星除了能够对通信广播信号进行监听外，还增加了收集非通信类电子信号的电子情报有效载荷。1994 年 8 月 27 日和 1996 年 4 月 24日，美国成功发射了两颗"水星卫星"，目前正在使用的就是这两颗卫星。1998 年 8 月 12 日，第三颗也是最后一颗"水星卫星"发射失败，加上火箭，损失超过 10 亿美元。

▶ 水星卫星，天线直径约为 100 米。

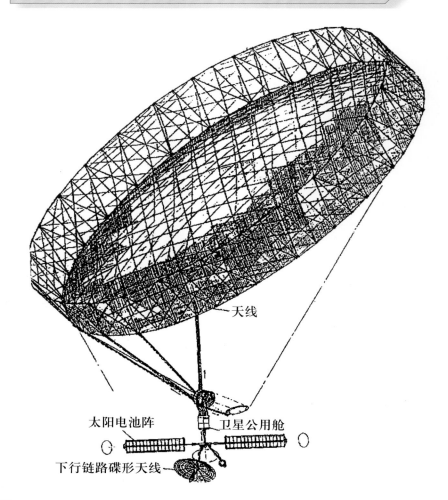

天线

太阳电池阵　　　卫星公用舱

下行链路碟形天线

俄罗斯新一代间谍卫星

蔷薇辉石 –1（Orlets–1）卫星采用的照相机是一台广谱全景摄像机，携带了 8 个胶卷回收舱，设计寿命为 60 天，整体结构与琥珀卫星类似。

蔷薇辉石 –1 卫星于 1989 年 7 月 18 日首次发射，到 2006 年 9 月 14 日共发射 8 颗。

蔷薇辉石 –1 卫星的改进型是蔷薇辉石 –2 卫星，后者配备了 22 个回收舱，轨道寿命为 180 天。第一颗试验性卫星于 1994 年 8 月 24 日发射，工作时间超过 7 个月。第二颗卫星于 2000 年 9 月 25 日发射。

如今，蔷薇辉石卫星已经被新一代卫星 Persona 替换。第一颗 Persona 卫星于 2008 年 7 月 26 日发射进入 750 千米的太阳同步轨道，第二颗于 2013 年 6 月 7 日发射。

Persona 卫星重 6.5 吨，长 7 米，直径 2.7 米。望远镜的直径为 1.5 米，焦距为 20 米，星下点的分辨率为 0.33 米。

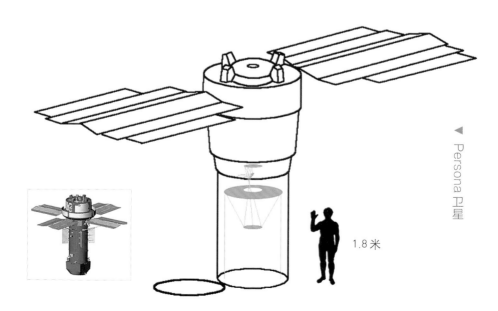

1.8 米

▼ Persona 卫星

太空 "二传手"

什么是跟踪与数据中继卫星

在谈到 KH-11 卫星时，我们已经提到跟踪与数据中继卫星（TDRS），这种卫星担任着太空"二传手"的角色。

大家知道，自从有了电子光学成像技术后，照相不用胶卷了，而是用一种叫作"电荷耦合器件"（CCD）的产品代替，使用这种部件的设备就是我们所熟悉的数码照相机。在地面上，我们用数码照相机拍完照片后，可以直接用数据线将数字照片复制到计算机，进行欣赏或编辑。那么卫星上数码照相机中的图片怎样传输到地面呢？它是通过卫星通信系统，按照指令，将数字照片传回到地面的接收站。

这里还有一个问题，如果卫星飞到地球的背面，在背面没有自己的地面接收站，该怎么办呢？简单的办法是先将数据存储起来，待卫星飞到地面站所能接收的范围后，给卫星发个指令，存储的数据就从卫星传送至地面接收站了。但这种方法有个明显的缺点，那就是数据不能实时传输。如果发生战争，侦察卫星虽然获得了十分有用的信息，却不能及时传给指挥官，这会贻误战机。怎么办呢？

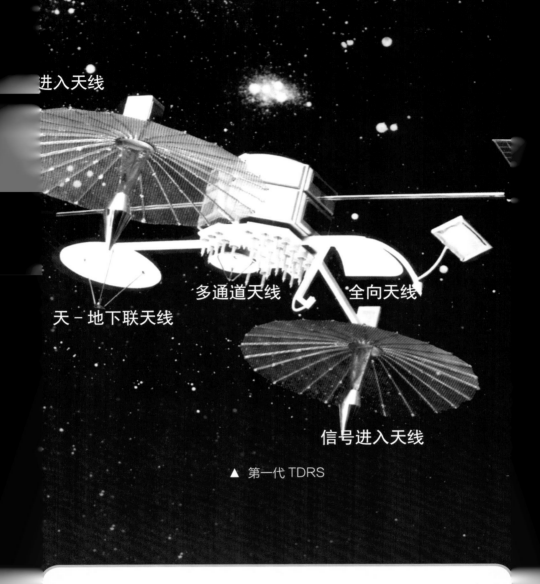

进入天线

多通道天线　　　　全向天线

天－地下联天线

信号进入天线

▲ 第一代 TDRS

　　人们想出了一个办法，就是将地面接收站"搬到"太空，也就是在地球同步轨道上布设卫星，将这颗卫星作为一个中转站，侦察卫星获得的数据先发送到这个中转卫星，再由中转卫星传回地球，这个过程是非常快的，几乎是实时，这样，地面就可以获得实时的数据。人们把这个中转卫星称为"跟踪与数据中继卫星"（TDRS）。在地球同步轨道上布设 3 颗 TDRS，就可以将中继范围覆盖全球。

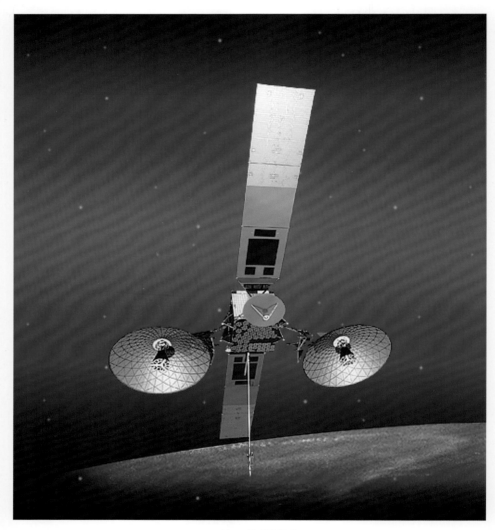

▲ 第三代 TDRS

美国的跟踪与数据中继卫星

美国是世界上最早研究中继卫星的国家。美国第一颗 TDRS 于 1983 年发射升空，至今已发射了三代，共 11 颗，其中只有 1 颗发射失败。

美国的 TDRS 系统由 3 颗地球同步轨道卫星组成，这 3 颗卫星分别位于西经 41°、174° 和 275° 的上空。

TDRS 的主要用途是：连续跟踪航天器，转发测控信息；实时高速率地向地面转发在轨航天器，特别是各种侦察卫星获得的大量信息；为载人飞船等航天器与地面之间提供不间断的通信联络；为航天器的交会、对接与分离转发导航和监控信息。对于侦察卫星而言，利用跟踪与数据中继卫星连续转发侦察到的信息，可以使地面控制机构实时掌握目标的动态情况，意义更加重大。

地球同步轨道的一个重要特征是卫星在地球上面总是保持固定不变的位置，一个站在赤道上的人会看见这颗 TDRS 总在他的头顶上。1 颗 TDRS 可以"看见"接近 50% 的低轨卫星；如果用 2 颗 TDRS，1 颗在东，1 颗在西，所有低轨卫星几乎在所有时间都可以看见。NASA 的地面站在关岛和新墨西哥州的白沙，因此 TDRS 可覆盖 100% 低轨卫星的轨道。

其他国家的跟踪与数据中继卫星

目前俄罗斯有 2 颗鱼叉号 TDRS，欧洲空间局和日本各有 2 颗。我国分别于 2008 年 4 月 25 日、2011 年 7 月 12 日和 2012 年 7 月 25 日成功地发射了 3 颗天链一号系列卫星，标志着我国第一代中继卫星系统正式建成。

第 4 章

现代间谍卫星的"军团之战"

　　进入21世纪，间谍卫星在光学侦察、电子侦察、雷达侦察等不同领域均取得了不俗的进步，整个世界的军事格局更呈现出各个国家竞相发展的态势。本章，我们将为大家逐一梳理各个"军团"的"看家武器"，在群雄逐鹿的太空战场，谁能练就"火眼金睛"，谁的武器技高一筹，我们拭目以待！

　　本页图为美国的天基目标监视系统卫星，即监视卫星的卫星，其功能是跟踪和确认空间力量。

现代照相侦察卫星

美国：KH-12，最先进的照相侦察卫星

KH-12（锁眼12）是当今世界最先进的照相侦察卫星，在近期的几场局部战争，特别是在海湾战争和科索沃战争中大出风头，为美军胜利立下了"汗马功劳"。

在击毙本·拉登的过程中，KH-12也起到了关键作用。据《华盛顿邮报》报道，在击毙拉登前，美国就已通过卫星发现他的位置，并监控进出其住所的人员和车辆，执行该任务的就是KH-12。

借助卫星图片，情报人员注意到一名男子经常在这座院落散步，每天1小时到2个小时，但从不外出。情报人员为这名男子取代号"步行者"，不过却无法获得该男子脸部的清晰图像，美军突袭行动后证实这名男子就是本·拉登。

KH-12重17吨，长19.5米，反射镜孔径为2.9～3.1米，地面分辨率10～14.25厘米。轨道近地点约153千米，远地点949千米。

KH-12具有以下特点：

● 星上载有7吨燃料，可进行轨道机动，对重要目标详查时可降低高度，还可以逃脱太空攻击。

● 观测波段有可见光、红外和热红外。热红外观测可用于对地下核爆炸或其他地下设施进行监测，也可获得导弹发射和航天器发射的情报。

● 采用自适应光学技术，能根据大气层的状态自动调节镜头的焦距，这样可提高空间分辨率。

● 可由航天飞机在轨道补充燃料，工作寿命长。

● 星上装有GPS接收机、雷达高度计和水平敏感器，能精密定轨，还能补偿卫星姿态偏移。

▼ KH-12 间谍卫星

▲ KH-12 两端的结构

● 卫星轨道为太阳同步椭圆轨道，地面重复周期为 4 天，由于卫星是成对运行，所以实际的重复周期为 2 天。

● 通过跟踪与数据中继卫星，实现大容量数据的高速、实时传送。

KH-12 从 1992 年起累计发射 5 颗。美国在 1999 年空袭南联盟的行动中，使用了 3 颗 KH-12，其中 2 颗分别运行在昼夜轨道平面和晨昏轨道平面，轨道倾角 97°；另 1 颗运行在两者之间，它能克服目标光照射对成像侦察的影响。

虽然"锁眼"具有高分辨率，但在实际中却不易达到极值。因为达到最高分辨率需要达到卫星近地点，在轨道其他地方，分辨率都会有所下降；另外，卫星在侦察时需要极好的能见度，浓雾、烟尘、云层都会使侦察效果大打折扣，甚至根本无法使用。

KH–12 也有自己的弱点，它的运行周期为 90.56 分钟，这就意味着该卫星每天飞行至某一特定地区上空只能 1 ～ 2 次，只要根据卫星运行周期计算出过顶时间，在卫星过顶前的十几分钟，将目标隐藏起来，那么，锁眼再先进，也只能是"目中无物"。况且，卫星只能看到星下点附近的目标，离星下点较远的目标就无法看到了。1999 年，美国锁眼卫星一直瞪大"眼睛"瞄着印度的核试验。可是，印度准确地算出了锁眼的过顶时间，充分利用锁眼的上述缺点，按部就班地进行了自己的核试验，成功地躲过了锁眼的侦察，使美军的锁眼走了一次"麦城"。

综合以上的介绍，我们可以把美国的光学照相侦察卫星作一个小结，如下图所示。

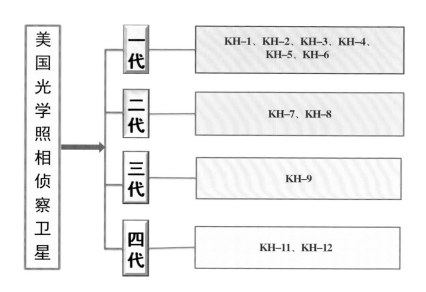

▲ 美国的光学照相侦察卫星

俄罗斯：阿拉克斯卫星

1997 年 6 月 6 日，俄罗斯军事航天部队用一枚质子号重型运载火箭将重达 20 吨的宇宙 2344 号卫星送入了高约 1500 千米×2750 千米、倾角 63.4°的轨道上。这是一颗大小有如一辆校车、外观酷似美国哈勃空间望远镜的新式先进光电数字成像侦察卫星。用质子号重型运载火箭来发射体形如此庞大的侦察卫星，这在俄罗斯航天史上尚属首次。这颗独特的卫星不同于以往的任何一代卫星，故被西方国家归类为第八代。

2002 年 7 月 25 日，俄罗斯用质子号火箭又发射了第二颗阿拉克斯卫星（宇宙 2392 号）。它运行在高 1516 千米×2749 千米、倾角 63°的轨道上，供军民两用成像，预计可在轨工作 2～3 年。

阿拉克斯卫星工作在比一般成像侦察卫星高得多的轨道上，这样虽然会不可避免地牺牲分辨率，但却换来视野更加开阔和对目标驻留时间更长等优点。它每天绕地球飞行 11 圈，每 24 小时重复一次地面轨迹。星载 CCD 照相机配有高倍率反射望远镜，其折叠光路使得成像焦距长达 27 米。照相机能够瞄准地面轨迹任一侧宽达 1800 千米范围内的任何目标，分辨率 2～5 米，执行高度灵活的广域普查监视任务。

海湾战争的经验证明，除了高分辨率详查卫星外，以较低的分辨率对地面进行更大范围的监视往往更合乎实战需要。

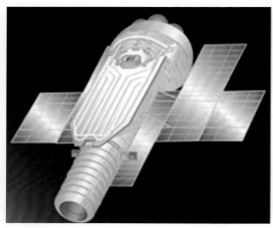
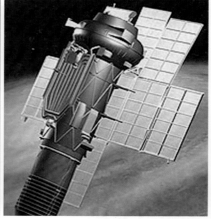

▲ 阿拉克斯卫星

法国：太阳神，后来居上

　　与美国早在 20 世纪 60 年代就开始发展间谍卫星相比，欧洲军团在航天领域的发展确实是远远地落后了。他们缺少自己独立的卫星观测系统，直到 1999 年爆发科索沃战争，所有欧洲部队还基本要依赖美国提供的卫星照片，一直处于被动状态。

　　目前，欧洲国家正在加紧进行军事合作，联合打造"多国天基成像系统"，提高作战能力。

　　欧洲目前在轨的成像侦察卫星包括法国 2004 年底发射的太阳神 –2A 卫星，光学分辨率从第一代太阳神 –1A 卫星的 1 米提高到 0.5 米，可发现地球上课本大小的物体，并增加了红外侦察载荷，使卫星具备昼夜侦察、伪装识别、导弹发射监视和核爆炸探测能力。此外，太阳神 –2A 卫星上还装有电子侦察设备，兼有一定的电子信号侦收功能。

▲　法国的太阳神 –2A 卫星

法意合作：昴宿星

　　法国与意大利联合研制的新一代光学成像卫星系统昴宿星（Pleiades）星座分别于 2011 年 12 月和 2012 年 12 月升空，以满足民用和国防对地球观测的要求。昴宿星项目是法国 SPOT 卫星（法国的光学遥感卫星）的后续任务，主要目标包括：提供光学高分辨率全色图像（0.7 米）和多光谱成像（2.8 米）；实现全球覆盖，每天可对地球上任意位置进行观测；提供 350 千米 × 20 千米或 150 千米 × 40 千米的立体图像，拼图尺寸可达 120 千米 × 120 千米。

　　昴宿星重 940 千克，推进剂重 75 千克，运行在高度 695 千米、倾角为 98.2° 的太阳同步轨道，轨道周期为 26 天。昴宿星星座的两颗卫星以 180° 相位等间隔。

　　昴宿星携带的主要仪器是高分辨率成像仪（HiRi），该成像仪采用了许多创新措施，使成像仪的空间稳定性、空间分辨率等都有显著提高。成像仪重 200 千克，孔径为 650 毫米，焦距为 12905 毫米。

▲ 法意合作的昴宿星

以色列：新升起的"地平线"

自 1948 年 5 月 14 日建国以来，以色列因领土和宗教等原因，频繁地与周边的阿拉伯国家发生冲突。在 1973 年的第四次中东战争中，以色列曾一度遭遇阿拉伯联军围攻，几乎全军覆没，当时美国最先送来的援助不是大批军火，而是几张显示埃及军队防线空隙的卫星图片，正是依靠这份价值连城的情报，以色列国防军才得以"绝地大反攻"，化险为夷。由此，以色列更加深刻认识到卫星情报的重要意义，不能完全依赖美国，而是独立自主地建立本国的卫星侦察系统。以色列先后研制了地平线系列侦察卫星、地球资源观测系统（EROS）、阿莫斯（Amos）系列通信卫星以及合成孔径雷达技术验证卫星四大系列，确保了以色列天基侦察和卫星通信网络的顺利构建。

作为以色列光学侦察的中坚力量，部署在近地轨道的地平线卫星是最受瞩目的卫星系列。到目前为止，以色列已经发射了 3 代 9 颗地平线卫星。最近发射入轨的是 2010 年 6 月发射的地平线 –9 光学成像侦察卫星，与在轨运行的地平线 –5 卫星、地平线 –7 卫星的有效载荷基本一致，具备可见光、红外、超光谱、三维和雷达侦察能力，地面分辨率约 0.5 米。

▲　未来的地平线 –10 卫星

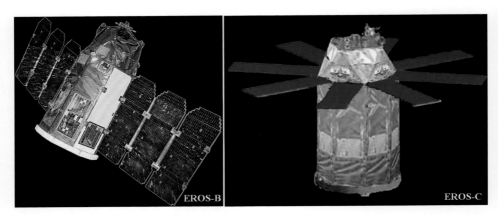

▲ 地球资源观测系统卫星（EROS-C 为计划发射的卫星）

以色列于 2000 年 12 月 5 日成功发射 EROS-A1 卫星，其全称是"地球资源观测系统"，实际上是以色列的照相侦察系列卫星。这个系列包含 8 颗卫星，分为 A 和 B 两个系列，A 系列有 2 颗卫星，B 系列有 6 颗卫星。

实施 EROS 卫星计划的目的是实现早期导弹预警和实时侦察周围阿拉伯国家的军事行动。为了有效地侦察静止目标，EROS 的地面分辨率很高，低的为 1.8 米，高的为 0.7 米。每颗卫星的寿命为 4 ～ 6 年。

日本：来自东瀛的窥探

日本发展间谍卫星其实是蓄谋已久。第二次世界大战结束之后，日本作为战败国，被剥夺了独立的军事能力，它的情报机构也完全依附于美国，但日本内部并不满足于现状。

1998 年，朝鲜发射了大浦洞导弹，越过日本上空，落入太平洋。日本朝野为之震动。右翼势力和军官乘机大肆鼓噪，极力要求发展自己的间谍卫星。最终，"应付朝鲜导弹威胁"的论调占了上风，国会最终通过了侦察卫星的上马计划。

日本于 2003 年 3 月 28 日用一枚国产 H–2A 运载火箭，发射了日本第一颗光学成像侦察卫星——光学–1 和第一颗雷达成像卫星——雷达–1，使日本成为继美国、俄罗斯、以色列和法国之后第五个拥有光学成像侦察卫星的国家，以及继美国、俄罗斯之后第三个拥有雷达成像侦察卫星的国家。

2006 年 9 月 11 日，日本成功发射了第二颗光学成像侦察卫星——光学-2，和光学-1 卫星基本一样，光学-2 卫星属于日本第一代光学成像卫星。这颗卫星重 850 千克，载有望远镜和数码照相机，黑白摄影分辨率达 1 米，彩色摄影分辨率达 5 米。

2007 年 2 月 24 日，日本第三颗光学成像侦察卫星——光学-3 试验卫星和第二颗雷达成像侦察卫星——雷达-2 发射上天。光学-3 试验卫星是先进光学成像卫星，并具备合成孔径雷达成像能力；雷达-2 属于日本第一代雷达成像卫星，重约 1200 千克，可自动发射电波，然后把地面反射回来的信号合成黑白图像，其南北方向分辨率为 1 米，东西方向分辨率为 3 米，但上天后 1 个月就因发生故障而失效。

2009 年 11 月 28 日，日本发射了首颗第二代光学成像侦察卫星，分辨率提高到 0.6 米。

2011 年 9 月 23 日，日本成功地发射了第四颗光学情报收集卫星——光学-4，用于替代已经超过设计寿命的光学-2 卫星。它与光学-3 卫星具有相同性能，属于日本第二代侦察卫星。光学-3、光学-4 卫星将陆续取代寿命到期的光学-1、光学-2 卫星。

2015 年 3 月 26 日，日本发射了光学-5 卫星，分辨率达到 40 厘米。

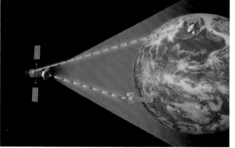

▲ 日本的光学成像侦察卫星

现代雷达卫星

可以穿云破雾的卫星

在介绍雷达卫星之前，我们先说一说什么是雷达。雷达（RADAR），是英文"Radio Detection And Ranging"的缩写及音译，意思是"无线电侦测和测距"。通过天线将电磁能量以定向方式发射至空间，通过接收空间内物体反射的电波，计算出该物体的方向、高度及速度，并且可以探测物体的形状。雷达在军事中应用广泛，如监测敌方的飞机和导弹。

俗话说，站得高，看得远。雷达也不例外，大多设置在地势较高的地方，如我国的甘巴拉雷达站，就建在世界屋脊——青藏高原上。随着航空航天技术的发展，一种站得更高的新雷达应运而生，这就是天基雷达，也就是把雷达装载到天上的卫星或航天器里。

天基雷达居高临下，可以监测地球表面的活动目标，如武装力量的集结、水面舰只和装甲车辆的活动等。采用合成孔径的天基雷达所获得的图像质量比感光照片还清楚，图像信息量也是感光照片的数百倍。由于天基雷达位置很高，现有的地面武器根本无法对它实施攻击，加上侦察面广，如果与无人驾驶飞机结合起来，能全方位、远距离、全天候"捕获"目标，为作战部队提供不间断的服务。它的天线能将工作波段限制在3厘米的范围内，所有电磁干扰信号对它无能为力，保证了雷达工作的全时性。将天基雷达同战区武装力量先头部队的侦察中心连在一起，还能将情报信息在最短的时间内提供给作战部队，为战场指挥员的正确决策提供可靠保证。

天基雷达研制难度较大，涉及的空间电子技术复杂，其中大功率电源、大型可展开天线、大功率发射机等问题都比较棘手。另外，星载雷达除要求体积小、质量轻、能承受卫星发射时的机械环境考验外，还必须长期无故障工作。这些都是今后星载雷达研究的重点。

合成孔径雷达（SAR）是雷达的一种，具有分辨率高、天线尺寸小的特点，卫星上普遍采用这种雷达。目前，合成孔径雷达在军事、气象和环境监测等方面应用广泛。

美国已经发射了一些雷达卫星，另外，美国的航天飞机也多次携带雷达，对全球进行三维立体测绘。

美国：具有透视功能的"长曲棍球"

KH-12 侦察时能够获得非常清晰的地面图片，但它同样无法避免所有光学侦察卫星的缺点，那就是只能在有光的情况下才能侦察，在夜晚，或者有雾的天气下，它便不能发挥作用。在科索沃战争期间，KH-12 就多次因天气

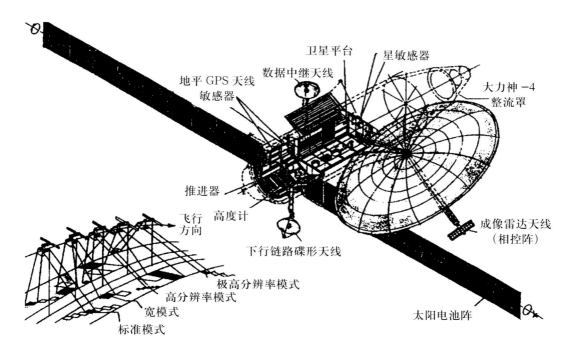

▲ 长曲棍球卫星的结构示意图

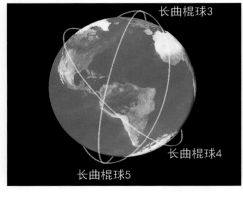
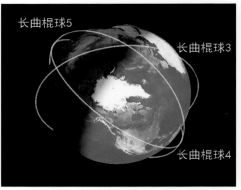

▲ 长曲棍球卫星的轨道（2011年3月）

原因不能执行侦察任务。为了弥补这个不足，美国研制了雷达侦察卫星——长曲棍球卫星。

美国在1988年12月发射了首颗长曲棍球雷达侦察卫星，在2010年9月发射了最后一颗，总计发射6颗，目前在轨运行3颗。

1991年1月17日，美军发动了对伊拉克的"沙漠风暴"行动。在这次行动中，萨达姆将他的精锐部队全部藏到掩体之下，这样一来，依靠光学成像的KH-12便成了"睁眼瞎"，即使有再高的分辨率，也无法看到掩体下面的武器部署。这时美国使出了撒手锏——长曲棍球卫星，它是雷达勘测卫星，可以轻而易举地看到那些隐藏的目标。

长曲棍球卫星重14.5吨，供电能力为10千瓦，供电寿命8年，雷达天线是抛物面形的，其地面分辨率达0.3～1.0米。雷达波可穿透云雾、沙漠和白雪，探测到隐藏在树丛中的导弹系统，弥补可见光侦察的不足。

▶ 长曲棍球卫星照片

合成孔径雷达成像卫星相对于 CCD 成像卫星有更大的观测幅度，因而具有较高的时间分辨率。长曲棍球卫星的侦察幅宽可在 100 ～ 1000 千米范围变化，较高的时间分辨率对战区全面观测和侦察全球性军事动态具有重要意义。

长曲棍球卫星在倾角 57° ～ 68°、高度 670 ～ 703 千米的轨道平面运行，这种轨道倾角再加上它们的高度，可以使卫星完整地观测地球表面，包括极区。长曲棍球 6 号卫星的轨道与其他的不同，近地点为 1102 千米，远地点为 1105 千米，倾角为 123°，这颗卫星在高轨道，以逆行方式运行。

长曲棍球卫星是当今世界上技术先进的雷达侦察卫星，具有下列优异性能：

● 由于采用大型抛物面天线，所以提高了合成孔径雷达的分辨率和信噪比。其地面分辨率达到 1 米（标准模式）、3 米（宽扫描模式）和 0.3 米（精扫模式），在宽扫模式下，地面覆盖面积可达几百平方千米。

● 采用大型电池翼，展开长度为 50 米，可以为庞大的卫星提供足够的功率。

● 星上装有 GPS 接收机和雷达高度计，能进行精密测量。

● 采用 TDRS 作为数据传输中继，实现大容量数据的高速、实时传送，可以在全球范围内自行侦察任务。

美国：8X 卫星，集中优点

美国还拥有现役唯一的混合型成像侦察卫星，即 8X 型成像侦察卫星（又称"增强型成像系统"）。星上搭载有合成孔径雷达和光学照相机，成像分辨率为 0.1 ～ 0.15 米，可观测到的视场为 150 千米 ×150 千米，超过目前高级 KH-11 卫星视场的 8 倍，相应的数据传输速率也提高 8 倍。混合型成像侦察卫星的优点在于兼具光学成像侦察卫星和雷达成像卫星的功能和优点，不仅能保证卫星在任何气象条件下都不丢失信息，而且每圈所能覆盖的范围也更大。

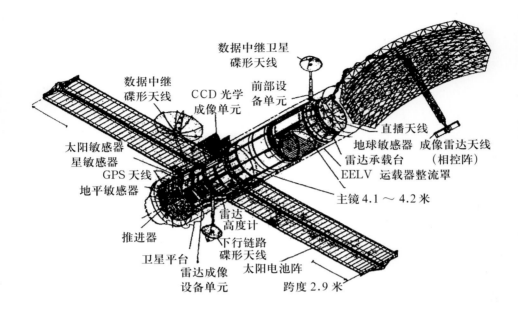

数据中继卫星
碟形天线

数据中继
碟形天线

CCD 光学
成像单元

前部设
备单元

直播天线

地球敏感器　成像雷达天线
雷达承载台　（相控阵）

EELV 运载器整流罩

太阳敏感器
星敏感器
GPS 天线
地平敏感器

主镜 4.1 ～ 4.2 米

推进器

雷达
高度计

卫星平台

下行链路
碟形天线

雷达成像
设备单元

太阳电池阵

跨度 2.9 米

▲ 8X 卫星

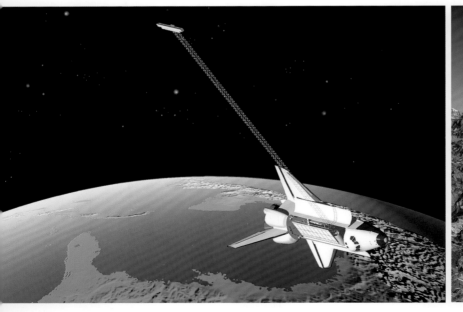

▲ 航天飞机在轨测绘示意图

8X 卫星运行于太阳同步轨道，每圈均以不同的经度穿越赤道。卫星还具有 500 千米的侧视观测能力，观测轨道带两侧，从而可保证对地球上任意地区每天能重复观测一次。

美国：航天飞机上的雷达测绘

美国的航天飞机也曾多次执行侦察任务。2000 年 2 月 11 日，美国国家航空航天局和国防部的国家影像和制图局（NIMA）合作进行了"航天飞机拓扑测绘"活动。在哥伦比亚航天飞机上，携带了合成孔径雷达 SIR-C 和 X-SAR，前者由美国研制，后者由意大利和德国联合研制。雷达成像区域从 60° N 到 60° S（陆地），占全球的 80% 地区，雷达获得了这些区域的三维地图。当时中国的一些媒体称，美国航天飞机把中国看了个够，其实，岂止把中国看了个够，是把美国想看的地方都看了个够。

▲ 由航天飞机获得的美国哥伦比亚河及附近地形

▶ SAR-Lupe 雷达成像卫星

德国：五星高照

德国于 2008 年 7 月发射完毕的 5 颗合成孔径雷达－放大镜（SAR-Lupe）雷达成像卫星星座分布在 500 千米高的 3 个不同的准极地轨道上，每颗卫星大小为 4 米 ×3 米 ×2 米，重 720 千克。SAR-Lupe 卫星每天拍摄 30 幅以上的图像，可以提供优于 1 米的高分辨率，将作为德国军方的战略侦察资源，为军方提供全天候空间侦察和监视能力，特别是冲突和热点地区或灾害地区。此外，2007 年发射的陆地雷达（Terra SAR-X）高分辨率民用雷达成像卫星可以获取 1 米分辨率的图像数据，也可提供军事情报侦察能力。

意大利的雷达成像卫星

意大利于 2007 年 6 月发射的宇宙 – 地中海军民两用雷达成像卫星，分辨率最高可达 0.7 米。卫星星座由 4 颗卫星组成，采用 620 千米的太阳同步圆轨道，轨道倾角为 97.9°，轨道周期为 97.2 分钟。单星重访周期为 5 天，整个星座能够以 12 小时的重访周期拍摄地球表面任何地方的图像，并可根据特定用户的需求对重点领域进行平均约数小时的重访。它们每天能够以高分辨率模式为军事用户拍摄 75 幅 X 频段图像，并以低分辨率模式拍摄 300 多幅 X 频段图像。除提供合成孔径雷达图像产品外，还能提供数字高程图。

作为意大利的首个雷达成像卫星系统，"宇宙 – 地中海"有如下特点：

● 重视组网功能，4 颗卫星型号及性能基本相同，主要通过多星组网和运用不同的观测模式等手段来提升侦察功能。

▲ 宇宙 – 地中海卫星

● 系统成像模式多，性能较强，使用方式灵活。

按照意大利与法国在航天侦察领域的合作计划，法国将可以使用意大利宇宙 – 地中海系统的卫星图像，并用它来补充德国合成孔径雷达 – 放大镜系统的雷达图像。对于欧洲来说，这两种雷达卫星将发挥不同的作用，合成孔径雷达 – 放大镜卫星适于对小范围地区进行"特写"观测和详细分析，宇宙 – 地中海卫星则适于观测较大范围的地区，而且这两种卫星的轨道也各异。总的来说，欧洲的成像侦察能力已具备一定规模，但欧洲各国是通过分工发展、能力交换的方式来共享卫星光学成像和雷达成像侦察能力，其卫星侦察体系需要国与国之间的协作，在作战应用上有许多的不便。

以色列的雷达卫星

2008 年 1 月，以色列发射了首颗 TecSAR 雷达成像侦察卫星，星载合成孔径雷达具有多种成像模式，最高分辨率能达到 1 米。

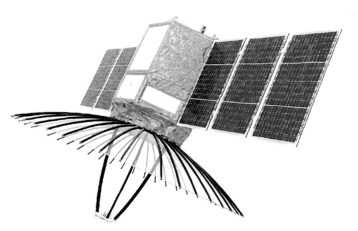

▲ TecSAR 雷达成像侦察卫星

现代电子侦察卫星

电子侦察卫星在现代战争中的应用

美国是世界上拥有电子侦察卫星最多的国家，在最近的几场局部战争中，美国一直充当主角，各类侦察卫星也有了用武之地。在这些局部战争中，电子侦察卫星所起的作用包括以下4方面。

● 发现入侵对象，为决策者提供预警时间。

现代战争是多军种合成的高技术战争，电子设备是作战装备中的重要内容。因此，一旦进行战前准备，电子设备的启用次数、工作时间等都会出现异常，成为战场侦察的重要线索。

1990年7月29日清晨，美国电子侦察卫星发现位于伊拉克南部的一部雷达在停用数月后突然开机，恢复使用。结合当时的形势，情报专家认为，伊军可能入侵科威特。此后，电子侦察卫星一直收集伊军的情报，使美国当局提前12～24小时掌握了伊军入侵情报。

● 用于打击重要军事或政治首脑。

在海湾战争中，美国一直寻机歼灭以萨达姆为首的军政首脑机关。1991年2月8日，根据电子侦察卫星的情报，两架美军F-16战斗机袭击了位于巴士拉北部的一个车队，击毁了他们的战车。事后调查表明，萨达姆就在该车队中，但侥幸没有受伤。

● 掌握雷达等电子装备的布防情况。

▼ F-16 战斗机

用欺骗的手法，诱使对方各种雷达开机，美国电子侦察卫星侦收到雷达信号后，将它们定位，然后彻底摧毁这些雷达。

● 用于评估打击效果。

通过比较打击前后同一雷达的持续工作时间，能够判定该雷达及相关系统的受损程度。

美国：当前最大的电子侦察卫星

2011 年 11 月 21 日，美国用德尔塔 –4 重型火箭将美国国家侦察局所属的一颗绝密间谍卫星 NROL–32 送入轨道。

负责发射的美空军第 45 太空联队指挥官威尔孙准将声称，这次发射将确保美国国家侦察局拥有足够资源来提升美国的防御能力。美国国家侦察局是美国实施太空侦察的主要部门，控制着多种类型的侦察卫星。从卫星的重量判断，它很可能是一颗电子侦察卫星。因为电子侦察卫星需要部署巨大的卫星天线，质量也比一般卫星要大得多。例如美国大酒瓶电子侦察卫星的天线直径达到 100 米，卫星总质量为 2.5 吨。有猜测认为，NROL–32 很可能是美国新一代电子侦察卫星，估计质量为 11 吨，伞状天线直径长达 100 米，进入轨道后天线展开的面积将有一个足球场大。

美国在海湾战争和伊拉克战争中多次使用大酒瓶电子侦察卫星，它们飞临海湾上空时能截获和监听伊拉克的通信情报，侦察伊军通信和雷达设施的性能数据并定位，让美军全面掌握伊拉克的军事活动。此次发射的 NROL–32 侦察卫星预计将大大提升美国针对其他国家的信号情报搜集和分析能力。

联合天基广域监视系统

美国海军天基广域监视系统（SB–WASS–Navy）是由 3 颗卫星组成的星座，每颗卫星上携带高灵敏度红外照相机，主要侦察对象是对方的水面舰和潜水艇，此外也对飞机进行侦察。该计划起始于 20 世纪 80 年代末，1996 年 5 月发射了最后 1 颗卫星。此后该计划宣告结束。

▲ 美国用德尔塔 –4 重型火箭发射 NROL–32 卫星

美国空军天基广域监视系统（SB-WASS-AF）计划的目的是战略空中防御，主要侦察对象是对方的飞机，此外还对水面舰船进行侦察。这个计划由 3 颗称为"单星"的卫星组成，每颗卫星携带 1 部大型扫描雷达和 1 台电子侦察信号接收机，其中雷达天线孔径 15.2 米。该计划于 20 世纪 80 年代后期启动，于 1992 年结束。

在 20 世纪 90 年代初，美国国防部建议将海军和空军的两个天基广域监视系统合二为一，称为"联合天基广域监视系统"（SB-WASS-Consolidated Program）。这是美国现役最先进的监视系统，美国分别于 2001 年、2003 年、2005 年、2007 年和 2011 年，共发射了 5 组 10 颗卫星。卫星采用双星组网方式工作，轨道倾角 63.4°，高度约 1000 千米，集成了海军海洋监视和空军战略防空的侦察需求，具有全天候的全球监视能力。

法国：艾丽萨星座

法国的电子情报卫星是由 4 颗微卫星组成的星座，用于对来自地面的雷达信号和无线电通信信号进行监测。由艾丽萨 1 到艾丽萨 4 组成的星座位于低地球轨道，彼此相距几千米。这 4 颗卫星已于 2011 年 12 月发射入轨。

▲ 法国的艾丽萨星座

导弹预警卫星

导弹预警卫星概述

导弹预警卫星作为冷战时期的产物，其实是一种被"逼出来"的卫星。当时苏联发展的洲际导弹威力无穷，对美国产生了极大的震慑作用，美国只能研究破解的办法，于是想到了用卫星侦察导弹尾焰的红外辐射，来确定导弹的发射情况。

导弹预警卫星是用于监视和发现敌方弹道导弹并发出警报的侦察卫星。通常发射到地球静止卫星轨道，由几颗卫星组成预警网。利用卫星上的红外探测器探测导弹在飞出大气层后发动机尾焰的红外辐射，并配合使用电视摄像机跟踪导弹，及时准确判明导弹并发出警报。

1959 年美国便开展代号"米达斯"（MIDAS）计划的导弹预警卫星研制。米达斯卫星上装有红外探测器，而不是可见光照相机。该计划共发射了 3 颗卫星，它们分别于 1960 年 2 月、1960 年 5 月和 1961 年 7 月发射，前两颗均告失败，第三颗发射成功，但此后也因计划执行不顺利而终止，后来该计划由国防支援计划（DSP）取代。

美国在导弹预警系统领域还制定了多项试验性或研究性计划。

● "绿色森林"计划。它是一项探测导弹技术性能及核能试验的计划，采用的是电子光学探测器，而不是通常的红外探测器。

● "红鼻凫"（Teal Ruby）计划。这是一项试验计划，于 1985 年立项，进行了 1 次发射，寿命为 1 年。星上遥感器是 1 台有 13 个窄波段（2.5 ～ 15.5 微米）的红外装置，每个红外焦平面阵列上有 1024 个像元。

国防支援计划卫星

国防支援计划（DSP）是 20 世纪 70 年代初由美国和加拿大双边签署的"关于北美空中防御计划"之一，其目的是监视苏联等国的地下核试验、中程导弹发射和航天器发射。

DSP 卫星采用地球同步轨道，它由 5 颗卫星组成，有重点地布设在全球各大洲的上空。卫星是圆柱形，主要侦察设备是一个长 3.63 米、直径为 0.91 米的大型红外望远镜，它由 2000 多个硫化铅做成的红外敏感组件组成，能在 -80℃ 的条件下正常工作。它总长约 6.64 米，每分钟可自转 5～7 转。

DSP 卫星经历了试用、应用和完成三个阶段，在战略导弹探测方面已经达到相当成熟的实战水平。该卫星上装有双色短波红外、可见光探测器以及核爆炸探测装置。其工作流程是：随着卫星的自转，红外探测器线阵列对地球表面每分钟扫描 6 次，探测到的目标信息通过卫星传递到美空军地面站和空间指挥部的导弹预警中心，地面站和导弹预警中心的计算机立即对这些信息进行处理、分类、目标识别和落区判断等，然后立即通过通信卫星送到战区的反击部队并发出警报信息。

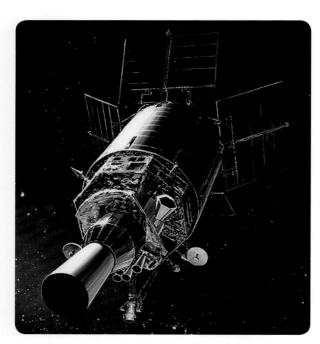

▲ DSP 卫星

冷战时期，该卫星系统表现出色。据统计，30 多年来，第三代 DSP 卫星已探测到苏联、法国、中国、印度、朝鲜等国导弹发射信息 1000 余次。然而它毕竟是 20 世纪 70 年代初的产物，原本是作为一种战略导弹预警手段提出的，本身存在许多固有的缺点，如不能跟踪中段飞行的导弹，对国外设站的依赖性大及虚警等问题始终未得到根本解决，特别是卫星扫描速度慢，对"飞毛腿"之类燃烧时间短、射程近的战区导弹的探测能力十分有限，难以给出更为充足的预警时间。因此必须寻求一种能力更强的新型预警系统来取代日益老化的 DSP 卫星系统。

目前美国正在研制新一代的导弹预警卫星，主要是采用一种"凝视"型红外探测器。这种探测器含有几百万个敏感组件，各自负责凝视盯住地球表面的某个地区。只要某地区有导弹发射，快速飞行的导弹尾部喷出的猛烈火舌便会被卫星上某一部位的敏感组件感测到，立刻就可以预先报警。它还具有排除非导弹的自然火光和飞机尾部的热辐射，降低虚警率和测算出导弹的轨迹、飞行速度及弹着点等高度精确的功能。

天基红外监视系统的构成和性能

天基红外监视系统（SBIRS）是由美国空军研制的下一代天基红外导弹防御系统，也是美国导弹防御系统的一个组成部分。它将替换导弹预警能力较弱的国防支援计划卫星，具备空前的、稳固的全球红外监视能力。除了可提供导弹发射预警外，还支持导弹防御、技术情报和战场空间感知。

SBIRS 包括天基红外系统高轨道计划和天基红外系统低轨道计划两部分，现在又将低轨道计划单独运作，称为"空间跟踪与监视系统"（STSS）。高轨道计划由 5 颗地球同步轨道卫星（其中 1 颗为备份）和 2 颗大椭圆轨道卫星组成，旨在最大限度地监视世界任何角落的弹道导弹并进行预警。它们主要侦察、跟踪来袭导弹的主动段（弹道导弹是指在火箭发动机推力作用下按预定程序飞行，关机后按自由抛物线轨迹飞行的导弹。这种导弹的整个弹道分为主动段和被动段。主动段弹道是导弹在火箭发动机推力和制导系统作用下，从发射点起到火箭发动机关机点的飞行轨迹；被动段弹道是导弹从火

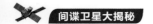

箭发动机关机点到弹头爆炸点，按照在主动段终点获得的给定速度和弹道倾角作惯性飞行的轨迹），为美国最高指挥当局和作战部门提供全球范围内和战区有关的战略、战术导弹或其他在发射、助推飞行和下落阶段的红外数据。

▲ 天基红外系统卫星在轨飞行示意图

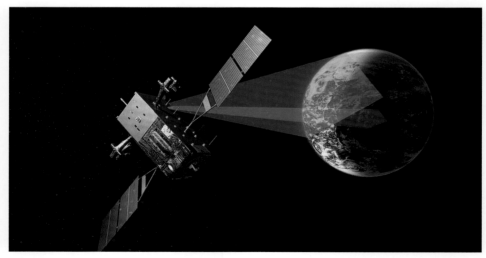

▲ 天基红外系统高轨道卫星

其中的大椭圆轨道卫星专门用来探测俄罗斯等高纬地区的洲际弹道导弹发射及北方水域的潜射导弹发射。美国已于 2006 年和 2008 年先后发射了 2 颗天基红外系统大椭圆轨道卫星，首颗地球同步轨道卫星也于 2011 年 5 月 7 日发射。

　　每颗 SBIRS 高轨道卫星都带有两种红外探测器：高速扫描型探测器和凝视型探测器。前者用于扫描南北半球，探测导弹发射时喷出的尾焰，如果发现目标则将信息提供给凝视型探测器；后者将导弹的发射画面拉近放大，紧盯可疑目标，获取详细的目标信息。这种双探测体制的工作方式，可使卫星的扫描速度比国防支援计划卫星快 1 倍，灵敏度是国防支援计划卫星的 3 倍，还能提供更好的持续覆盖，有效地增强了探测导弹的能力。它能够在导弹刚一点火时就探测到，在导弹发射后 10 ～ 20 秒内将发射信息传送给地面部队。

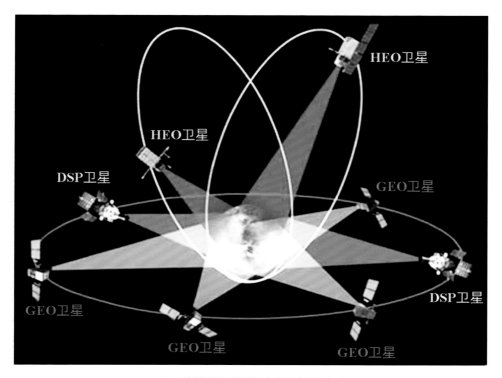

▲ 天基红外系统高轨道计划的构成

空间跟踪与监视系统

弹道导弹拦截的技术难点

弹道导弹的拦截分助推段、中段和再入段 3 个阶段。助推段是指导弹从发射架发射到飞出大气层的过程，这个阶段是在大气层内的飞行。在这个阶段进行拦截，首先要靠天基红外系统或部署在距离发射场不是很远处的雷达进行跟踪，然后用导弹进行拦截。在这个阶段拦截弹道导弹的优点是弹道导弹的速度还没有达到最大值，因此拦截成功的概率比较高。难点是必须在对方发射场附近部署雷达，这往往不容易做到。用天基红外系统发现和跟踪需要复杂的卫星星座。

陆基中段弹道导弹防御系统，是从陆地发射平台对敌方弹道导弹进行探测和跟踪，然后从地上或海上发射拦截器，在敌方系统的弹道导弹到达目标之前，在其飞行弹道中段，也就是在太空中对其进行拦截，并将其战斗部摧毁。

陆基中段防御系统由远程预警系统、拦截系统和指挥管理系统组成，主要用来对敌方中远程弹道导弹进行探测和跟踪，然后从陆地发射拦截器，在敌方弹道导弹飞行中段将其拦截，使其无法飞临己方本土。

中段是弹道导弹飞行最高的一段，远程弹道导弹的中段是在大气层以外飞行。根据当前导弹技术水平，只有大推力陆基导弹才有能力拦截中段飞行的弹道导弹，而舰载防空导弹受到舰艇吨位以及导弹、雷达性能限制，还无法拦截中段飞行的弹道导弹。

陆基中段反导技术仅我国和美国掌握。中国首次陆基中段反导拦截成功试验是在 2010 年 1 月 11 日进行的。

陆基中段导弹防御系统走向实用化还需要加强早期卫星预警系统，要能够拦截中远程弹道导弹，需要强大的早期预警能力。要使该系统达到真正的实战部署，必须发展自己的早期预警卫星，如果没有自己的弹道导弹预警卫星，中段拦截就无法投入实际使用。

美国的陆基中段导弹防御试验开始于中国进行试验之前。拥有陆基中段导弹防御能力是 20 世纪美国"星球大战"计划的一部分，但由于技术难度非常大，直到 1999 年 10 月，美国才首次进行真正的陆基中段导弹防御试验，即首次国家导弹防御系统（NMD）飞行拦截试验。在那次试验中，美军从加利福尼亚州范登堡基地发射了一枚洲际弹道导弹作为靶弹，从 7000 多千米外的马绍尔群岛夸贾林环礁发射了一枚外大气层拦截导弹。拦截导弹在太平洋上空将靶弹击毁。此后，美国先后进行了 10 多次陆基中段导弹防御试验，多次失败，问题主要集中在拦截弹丢失目标、拦截弹头未及时与助推器分离等方面。

再入段拦截主要靠路基雷达发现目标，然后进行跟踪，并指引反导系统进行拦截。再入段拦截的最大缺点是弹道导弹已经接近目标，如果弹道导弹携带的是核弹头，即使能够拦截，也很可能对目标造成巨大损害。因此，大力发展中段拦截技术，是进行弹道导弹防御的最重要技术。

▼ 飞毛腿导弹发射座

空间跟踪与监视系统的功能

　　空间跟踪与监视系统（STSS）是美国当前正在大力发展的弹道导弹中段监视系统，整个系统由 20 颗小型卫星组成，部署在 1600 千米高的 3 ～ 4 个大倾角低地球轨道面上，能对导弹发射的全过程进行跟踪，特别是在中段。该系统可以用于收集、处理和发送所有级别（从机动导弹到洲际弹道导弹和潜射弹道导弹）的导弹发射情报，对导弹袭击进行早期预警、跟踪，并实时向国家导弹防御系统中拦截弹道导弹的智慧系统传送弹道导弹在弹道全程中的飞行数据。该系统总共可实时跟踪 100 多个目标。

　　每颗 STSS 卫星都装有 2 台红外探测器：宽视场扫描型短波红外捕获探测器（在助推阶段观测明亮的羽烟）和窄场凝视型多谱段（中波、中长波和长波红外及可见光）跟踪探测器（在中段和再入段跟踪导弹）。前者用扫描折射望远镜和短波红外焦面阵列提供从地平线到地平线的覆盖，以探测和跟踪助推段飞行的导弹，然后将捕获的导弹信号移交给跟踪探测器；后者利用动

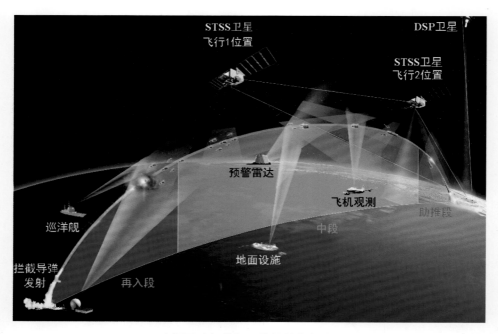

▲ 空间跟踪与监视系统的结构与功能图

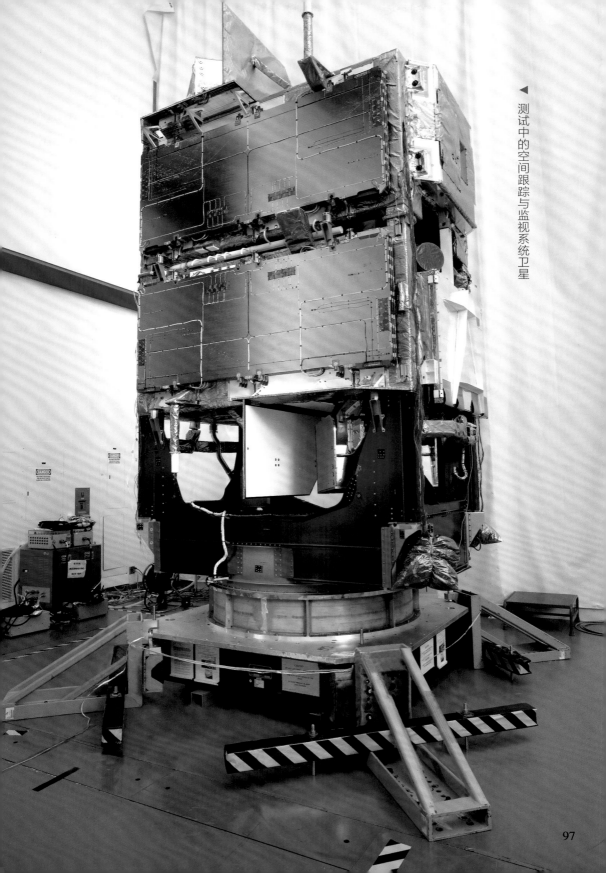

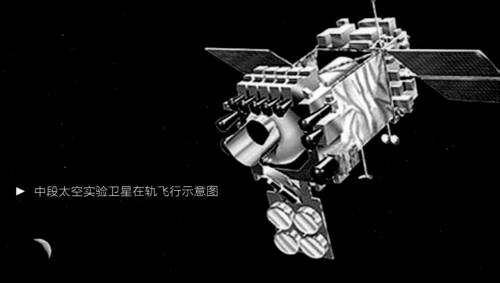

▶ 中段太空实验卫星在轨飞行示意图

作敏捷的望远镜提供地平线以内地平线以上的覆盖，以跟踪沿弹道中段飞行的目标单体和沿末段飞行的再入弹头，为国家导弹防御系统和战区导弹防御系统提供高精度的目标瞄准参数。

1996年4月24日，美国空军发射了1颗名为"中段太空实验"（MSX）的试验卫星，用来进行导弹预警技术的试验验证。弹道导弹的助推段和再入段时间很短，中段相对要长得多，对于远程导弹时间为10～20分钟，对于洲际导弹时间将达30分钟，所以反导的重点在中段。美国发射"中段太空实验"的目的是对星载探测器进行试验，为在中段飞行的导弹侦察和跟踪探索途径，以改进目前的侦察和跟踪模式。

MSX卫星统一采用太阳同步圆形轨道，高度为908千米，倾角为99.6°，卫星重2700千克。卫星携带了紫外可见成像仪与光谱成像仪、天基可见光照相机，以及空间红外望远镜。其中的光谱成像仪是世界上第一台星载高光谱成像仪，既可获取目标的图像，又能获取目标的波谱特性。

MSX卫星安排了4个试验项目：（1）途中开始阶段导弹监测；（2）太空目标检测；（3）天空背景光和陆地背景光探测；（4）太空粒子和气体污染测量。

天基监视系统：监视卫星的卫星

2009 年，美国的一颗通信卫星和俄罗斯一颗报废的卫星在天空中相撞，这是历史上第一次卫星相撞事故。因为卫星相撞的概率极低，所以这次事故带给人们不小的震撼。碰撞产生的太空垃圾将在很长一段时间内围绕地球运转，给人类的太空活动带来极大的威胁。

这次事件加快了美国天基空间目标监视系统（SBSS）的建设，天基监视系统能够探测太空碎片的轨道数据，而它更重要的任务是监视太空中的他国卫星。

早在冷战期间，美国就建立起了一套由路基雷达站、光学望远镜及无源射频信号探测器组成的地基空间监视网，专门监视地球附近太空的各种物体。但这个监视网并不完善，存在许多问题：一是有覆盖盲区，二是地基观测设备受天气、大气环境的影响较大，容易产生观测误差。

而天基监视系统有效地弥补了这些缺点。在不同轨道部署空间目标监视卫星，多颗卫星进行组网，天基系统与地基空间目标监视系统相联合，这些措施将有效减少对空间目标的观测盲区。同时由于外太空没有大气遮挡，光学探测器的观测精度要比地基设备强。

天基空间目标监视系统空间段由 6 颗低地球轨道卫星组成，此外还包括地面的监测雷达和空军卫星控制网。其功能是跟踪和确认空间力量，也就是弄清在太空运行的各类卫星是哪个国家的，是干什么用的，可完整观测地球同步轨道卫星，为在必要时候实施进攻和防御性空间对抗服务。

SBSS 主要用于发现、确定和跟踪卫星、反卫星武器及空间碎片等多种空间目标。具体任务包括：（1）提供全天候、近实时的空间态势感知能力；（2）在深空中搜索遗漏或未知的空间目标；（3）收集目标位置数据和空间目标识别数据。

SBSS 卫星通过两轴万向架转动可见光探测器，能够在 24 小时内完成对整个地球同步轨道区域的扫描，快速获取和更新监视目标的轨道位置变化信息。对地球同步轨道目标的分辨率为 20 米，对低地球轨道目标的分辨率优于 1 米。

快速响应卫星

目前间谍卫星的缺陷

在前文介绍的美国间谍卫星虽然技术指标先进，但也存在一些缺点，如灵活性和轨道机动能力不强、造价高、研制周期长、容易受到攻击、时间分辨率低。尤其是最后一点更为突出。所谓时间分辨率低，是指卫星需要几天甚至十几天的时间才能重复观测同一地区。原因有两点：一是卫星在飞行过程中能观测到地球表面的宽度是有限的。对于一般的遥感卫星来说，在100多千米的范围，而对于侦察卫星来说，由于其空间分辨率在1米以内，所以每次飞行时只能拍摄几十千米宽的范围。二是地球由西往东自转，24小时转一圈360°，也就是说，每小时转动15°，而卫星的轨道周期大约在100分钟左右，因此，当卫星再一次转到同一纬度时，星下点轨迹已经向西移动了2000多千米。例如，美国陆地遥感卫星每次成像宽度为183千米，但绕地球每转动一圈，星下点轨迹向西移动2752千米。因此，需要十几天的时间才能重复上次拍摄的位置。这就是时间分辨率低的含义。

为了解决时间分辨率低的问题，可以从两方面入手：一是研制地球同步轨道间谍卫星；二是发展快速响应卫星。

研制地球同步轨道间谍卫星的最大技术难点是空间分辨率，因为卫星运行在35786千米的高度，要想达到几米量级的分辨率，技术难度很大，不是短期内就可以解决的。

快速响应卫星的特点

"快速响应"概念是小布什政府提出的。2007年，美国战略司令部成立了"太空快速响应作战"（ORS）办公室，负责开发低成本、快速响应载荷、

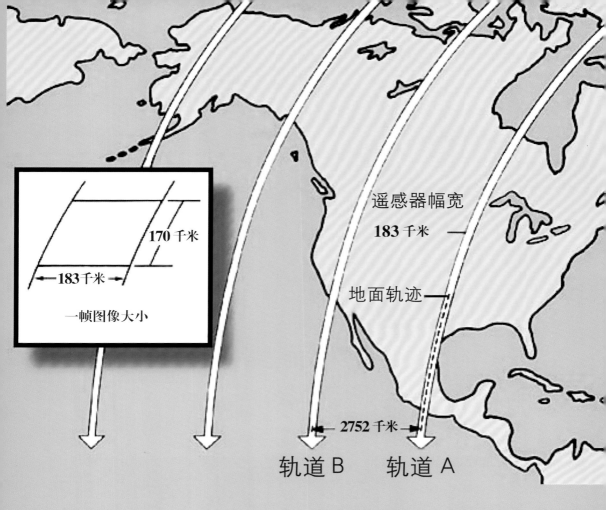

▲ 美国陆地遥感卫星的星下点轨迹

卫星平台、空间推进和发射控制能力，以满足空间支持和补充的联合军事作战需求。

美国军方的新举措是制定了"太空快速响应作战"（ORS）计划，发射战术卫星 TacSat 系列和 ORS 系列卫星。基本理念是构建低成本、具备快速响应能力的卫星平台。一般要求在 1 年的时间内完成所需卫星的制造并投入使用，以便适应战场的需要。同时要快速发射和运行，要有多种有效载荷。

TacSat 是美国国防部 2003 年启动的一项卫星演示计划，是 ORS 项目的一部分。该卫星计划包括一系列小卫星在轨演示论证，目的是为发展快速响应的小卫星奠定技术基础。美国已先后发射 4 颗 TacSat 试验卫星，未来几年内将部署作战型卫星。

▲ ORS-1 号卫星

▲ ORS 卫星进行空间环境模拟试验

▲ 已发射的 TacSat-2 卫星

TacSat-1 和 TacSat-2 是试验卫星。但前者由于各种原因一直没有发射。TacSat-2 于 2006 年 12 月发射，重 369 千克，主要目的是验证将卫星拍摄到的敌方目标图像在几分钟内传送给己方战场指挥官的能力。

之后，发展卫星公用平台成为 TacSat 系列卫星的另一项重要任务。首颗采用小卫星公用平台的 TacSat-3 于 2009 年 5 月 22 日发射，该卫星重 396 千克，主要目的是验证向战场指挥官提供实时数据的星上处理技术，演示战术卫星收集战场空间信息及近实时向战场作战人员提供数据的能力。星上主要仪器是 1 台高分辨率的超光谱成像仪。

TacSat-4 于 2011 年 9 月 27 日发射，部署于高椭圆轨道上，远地点为 12050 千米。卫星具备特高频通信转发能力，天线直径 3.8 米，拥有 10 条特高频信道，每 4 小时绕地球 1 圈，每圈可对同一地区持续覆盖 2 小时，并实现对战区的 24 小时通信支持。

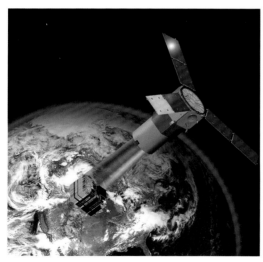

▲ 已发射的 TacSat-3 卫星　　　　▲ 已发射的 TacSat-4 卫星

侦察卫星在局部战争中的作用

美国在海湾战争中的空间军事力量

海湾战争是指 1990 年 8 月 2 日至 1991 年 2 月 28 日，以美国为首、由 34 个国家组成的多国部队和伊拉克之间发生的一场局部战争。1990 年 8 月 2 日，伊拉克军队入侵科威特，推翻科威特政府并宣布占领科威特。以美国为首的多国部队在取得联合国授权后，于 1991 年 1 月 16 日开始对科威特和伊拉克境内的伊拉克军队发动军事进攻，主要战斗包括历时 42 天的空袭，在伊拉克、科威特和沙特阿拉伯边境地带展开的历时 100 小时的陆战。多国部队以较小代价取得决定性胜利，重创伊拉克军队。伊拉克最终接受联合国 660 号决议，并从科威特撤军。海湾战争是冷战结束后的第一场现代化局部战争，投入的新式武器种类多、技术水平高、规模宏大。通过回顾在海湾战争中美军空间军事力量投入的情况，我们可以看出现代战争的特点以及侦察卫星的作用。

海湾战争中，美国共部署 32 颗军用卫星，并租用了少数民用卫星。

● 照相侦察卫星。KH-11 数字传输型卫星曾获取了伊军向科威特推进的照片，使科威特政府和埃米尔家族得以及时撤离。美国还用照相侦察卫星摄制了许多新的作战地图，淘汰了不精确的老地图。

● 电子侦察卫星。2 颗大酒瓶卫星侦听伊军雷达、导航、电子对抗设施的信号，并测定干扰美国预警飞机的伊军跟踪飞机的位置。

● 通信对抗情报侦察卫星。1 颗漩涡卫星专门探测伊军在伊拉克和科威特之间的无线电通信，加上转发器还可以窃听有线电话。

● 海洋卫星。16 颗白云卫星实施全天候海上侦察，使伊海军损失殆尽。

● 雷达成像卫星。长曲棍球卫星可发现沙漠掩蔽下的军事目标和树林中的机动导弹，分辨率达到 1 米。

● 导弹预警卫星。5 颗国防支援计划卫星，每隔 12 秒对伊、科领土扫描 1 次，能在伊军的飞毛腿导弹发射后 30 秒内发出预警信号。

● 卫星定位系统。可协调舰艇发射巡航导弹，帮助引导机动部队，确定火炮及地雷场位置，将飞机导向目标区域。

美国在伊拉克战争中的军用卫星部署

　　伊拉克战争，又称美伊战争，是以美英军队为主的联合部队在2003年3月20日对伊拉克发动的军事行动，美国以伊拉克藏有大规模杀伤性武器并暗中支持恐怖分子为由，绕开联合国安理会，单方面对伊拉克实施军事打击。直到2011年12月18日，美军才全部撤出。

　　在伊拉克战争中，美军使用军用和民用航天器的规模和范围更创新高。美军在战争中共投入各类卫星100多颗，部署在太空的各类型卫星为美英联军参战部队提供了全面的侦察、监视、通信、预警、导航、气象等作战保障，空间电子战系统也有力地支援了美英联军对伊军实施的电子战。这些卫星不仅实现了战场信息的实时传输，而且实现了信息向作战能力的迅速转化。整

个战争期间，战场 90% 以上的信息是卫星提供的。由于军事航天武器装备的强有力支持，美军对伊拉克的军事和战略目标实施了不间断的精确打击，获得了十分明显的战场效益。由于掌握了制太空权，美军自始至终掌握着这场战争的主动权。一些军事专家因此评价道："伊拉克战争的战场等于处在美国天军的驾控之中。"

美英联军动用的各类卫星包括：

● 侦察卫星。在伊拉克战争期间，美国的成像侦察卫星已经全部更新为 KH–12 卫星，比 KH–11 增大了成像幅宽，可见光分辨率达到 0.1 ～ 0.15 米，红外分辨率达到 0.6 ～ 1 米。另外，侦察卫星数量也比海湾战争有所增加。在轨的 KH–12 卫星有 3 颗，长曲棍球雷达卫星 2 颗，8X 普查卫星 1 颗。上述卫星每天至少 12 次飞越伊拉克上空。

在这次战争中。美国使用的电子侦察卫星至少有 6 颗，它们分别属于"水星""高级猎户座"和"号角"3 种型号。

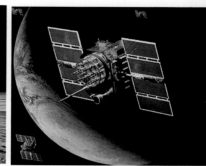

▲ 伊拉克战争中美军使用的部分卫星

● 导弹预警卫星。美国的导弹预警卫星星座由 4 颗地球同步轨道工作星和 1 颗在轨备份星组成。

● 军事通信卫星。有国防卫星通信系统、全球广播业务系统和军事星。

● 导航卫星。广泛使用 GPS，为导弹提供精确制导。精确制导弹药所占比例为 60% ～ 70%，而 1991 年使用的精确制导弹药所占比例仅为 20%。

● 使用了大量商用和民用卫星。在此次战争中，商用通信卫星将前方战场画面实时展示在世人面前，战地记者使用卫星手机和便携式电话，通过多颗通信卫星及时报道新闻，许多新闻机构大量购买高分辨率商业遥感卫星图片进行分析和报道。

综合前 4 章的介绍，我们可以把间谍卫星作一个小结，如右图所示。

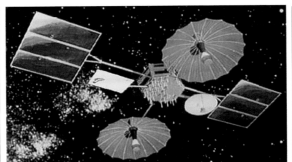

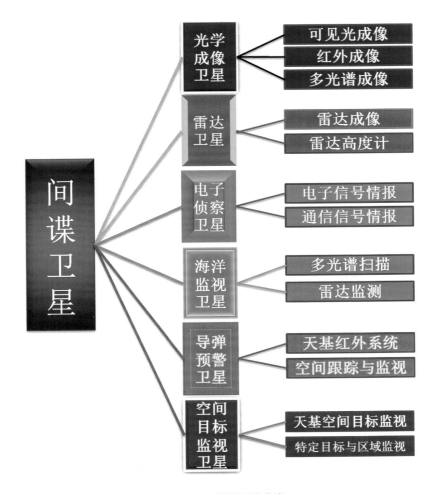

▲ 间谍卫星分类

第 5 章

未来的间谍卫星

　　随着技术的进步，以及对作战实际需要的不断完善，间谍卫星不断朝着适应性强、抗干扰能力强等方向发展。发射地球同步轨道卫星是未来的发展趋势，而商业遥感小卫星也成为一支不容小视的力量。

　　本页图为地球之眼－2卫星，属于新一代商业遥感小卫星。

对未来发展方向的探讨

未来成像体系

美国在成像侦察卫星领域一直处于绝对领先地位。随着军事战略、应用领域和战争形态的转变，美国整个军事战略逐渐转向应对全球范围内突发事件和高技术局部战争，而现有的成像侦察卫星暴露了许多不足之处，如成本过高、重量过大、在轨卫星少、重访周期长、侦察幅宽窄及姿态敏捷性差等。

面对上述问题，美国中央情报局于1996年组织成立了一个名为"成像体系研究"的研究组，探讨面向未来的方针政策。这个研究组建议部署1个由质量轻、体积小、相对便宜的卫星组成的星座，侦察能力至少与当时在轨运行的锁眼和长曲棍球卫星相当。之后，美国国家地理空间情报局（NGA）、军方以及其他情报用户共同提出了"未来成像体系"项目计划。

未来成像体系提出的改进要点是：用光学侦察卫星和雷达成像侦察卫星组成混合星座，降低卫星质量，增加卫星数量，提高卫星轨道，光学设计独特，具备抖动自动补偿能力及快速姿态机动能力，大大提高定位精度，大幅提升雷达信号功率。

这些要求很全面，指标也很高，因此使这个项目很难执行。尽管如此，美国国家侦察局还是发布了"未来成像体系"项目招标书。

洛克希德·马丁公司和波音公司递上了投标书，结果波音公司以其投标书中的创新思想和更低的报价而中标。1999年9月3日，美国国家侦察局将研发光学和雷达成像侦察卫星合同授予波音公司。但波音公司令美国国家侦察局大失所望，在随后的预研中，出现了成本持续大幅超标、进度延误、关键技术无法解决等一系列问题。根据刚上任的国家侦察局局长的建议，取消了"未来成像体系"项目的光学成像侦察卫星部分，造成军事航天第一强国对成像侦察卫星研究中断的局面，也使美国政府损失了至少 40 亿美元。

未来发展的两种方案

为了弥补"未来成像体系"光学项目被取消造成的损失，美国有关部门提出了两种可供选择的方案。

第一种方案称为"2+2"计划。美国国家侦察局向洛克希德·马丁公司采购 2 颗 2.4 米口径的成像侦察卫星，合同价值数十亿美元。同时，美国国家地球空间情报局向美国商业图像公司采购同等金额的商业高分辨率遥感卫星图像。在这笔资金资助下，地球之眼公司与数字地球公司发展 1.1 米光学口径的新一代商业遥感卫星。

第二种方案是考虑使用相对便宜，但未经验证过的基于新技术的成像侦察卫星。

地球同步轨道照相侦察卫星

地球同步轨道的特征

地球同步轨道是距离地球表面 35786 千米、轨道倾角为 0° 的轨道，在这种轨道上运行的卫星，围绕地球运动的角速度与地球自转角速度相等，从地球上看，卫星相对于地球是静止的。

俗话说，站得高，看得远。由于地球同步轨道距离地球表面 35786 千米，在这个高度上，可以看到地球大约 2/5 的面积，3 个在赤道上空等间隔分布的地球同步轨道通信卫星可以实现全球除两极地区以外的任意范围的通信。

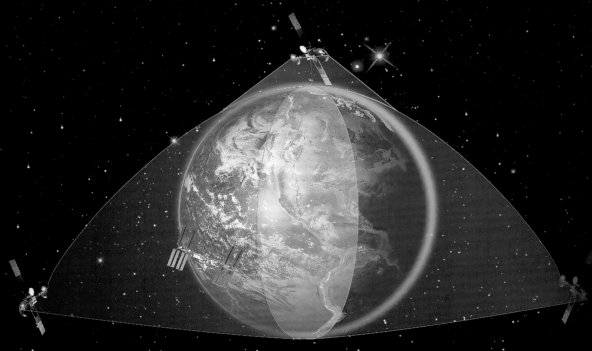

▲ 3 颗等间隔的地球同步轨道卫星对地球的覆盖范围

从地球同步轨道观测地球具有下述优点：

● 由于覆盖面积大，由卫星获得的数据可以在任何时间、任意地点下传到地面，支持实时的应用；

● 数据可以连续下传，可用中等数据传输率的通信通道传输大数据；

● 用小的焦面获得的图像经过拼接，可以监测地球表面大的面积；

● 重访时间短，在低地球轨道不可能研究的过程，在这个轨道上可以研究；

● 可对特别感兴趣的区域聚焦。

但是，从地球同步轨道观测地球也有局限性：

● 到地球表面的距离大约是典型低地球轨道的45倍，分辨率和辐射测量的质量受影响；

● 当视线远离星下点时，观测到的图形会产生畸变；

● 需要大孔径的光学望远镜才能获得高分辨率图像；

● 需要大功率的光学驱动和大的卫星；

● 要达到高分辨率和长的集成时间需要有很高的定向稳定性；

● 大的卫星要求高性能的控制机构，机械扰动可能成为问题，包括微振动；

● 望远镜的光学结构是大而复杂的；

● 需要重型运载火箭。

尽管地球同步轨道有不少局限性，但其独特的优点还是诱人的，因此，在人类进入太空时代不久，就陆续发射了许多地球同步轨道卫星。

地球同步轨道卫星现状

目前，在地球同步轨道已经有大量卫星，主要类型有通信卫星、微波遥感卫星、光学遥感卫星和电子侦察卫星。

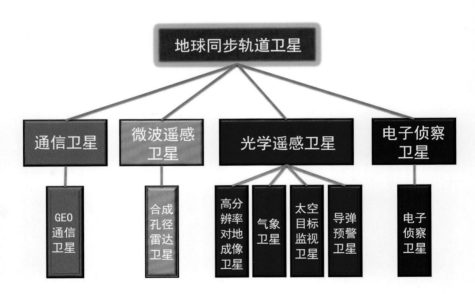

▲ 地球同步轨道卫星

地球同步轨道眼照相机

欧洲空间局于 2008—2009 年组织了阿斯特里姆公司（Astrium）等单位对同步轨道高分辨照相机进行了详细的方案论证，以便讨论在地球同步轨道上运行的对地观测卫星能否满足全球环境与安全监视的要求。

地球同步轨道眼（GEO-Oculus）照相机的任务目标综合考虑了用户需求、潜在应用及相应的产品需求。从功能上来看，该照相机可以提供灾难监视、火情监视和海洋监视服务，而这三类监视对空间分辨率和时间分辨率的需求不尽相同。其中，灾难监视的重返周期约为 10 分钟，空间采样分辨率为 10 米；火情监视的重返周期为 10 分钟，空间采样分辨率约为 200 米；海洋监视的重返周期约为 60 分钟，空间采样分辨率约为 50 米。

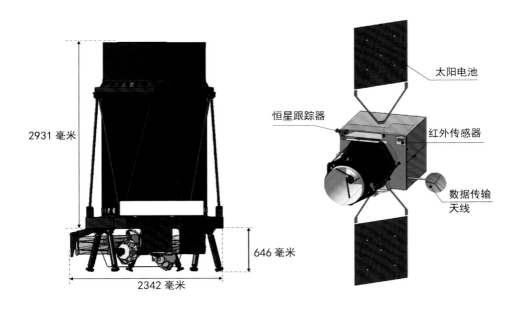

2931 毫米

646 毫米

2342 毫米

太阳电池

恒星跟踪器

红外传感器

数据传输天线

▲ Geo-Oculus 照相机的结构

分块可展开成像系统

为了在地球同步轨道的高度上获得高的空间分辨率，需要大孔径的望远镜。但大望远镜的制造和发射都面临一定的技术困难。解决这个困难的方法之一，就是采用分块可展开成像系统。这种系统与传统光学系统的主要区别是主镜由分块子镜"拼接"而成。

为了适应运载工具的要求，分块子镜折叠发射，到达预定轨道后再展开，并且在固定位置锁定。为此，整个系统必须具有可靠的机械设计以及很高的展开精度和稳定性。

美国在这方面率先开展了研究，韦伯空间望远镜就是采用这种光学结构。其主镜直径 6.5 米，由 18 个六边形的分镜组成。望远镜和卫星一体化设计，发射时整个望远镜是折叠起来的，到达预定轨道后再依次打开各个部件。

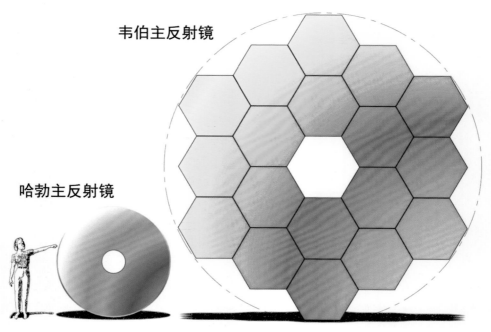

韦伯主反射镜

哈勃主反射镜

▲ 两个空间望远镜主反射镜的对比

超轻型精密薄膜光学系统

　　解决大孔径望远镜的另一个技术途径是采用柔性材料制作反射镜。这种反射镜具有质量超轻的特点。其原理来源于大的可膨胀的天线。在这个系统中，膨胀的圆环支撑着一个大的透明的气球，在气球的背面有一层抛物面状的射频反射体。将这个原理应用于大的镜子上，其光学镜子抛物面的形状和表面质量要优于天线射频反射体几个数量级。反射主镜一般制作在厚度几十微米的柔性聚合物薄膜上。

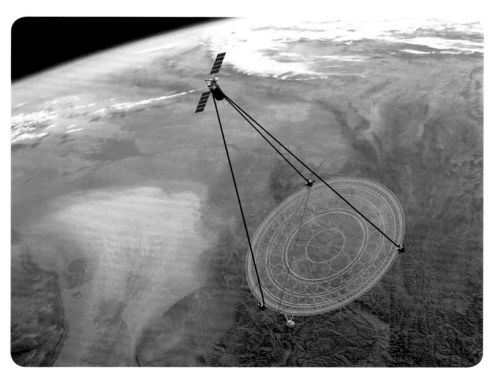

▲ 薄膜光学成像仪实时探索望远镜

▲ 一种形式的稀疏孔径光学系统

稀疏孔径光学系统

　　稀疏孔径光学成像是指将多个较易制造的小口径光学系统按一定方式排列在一起，合成为一个大孔径光学系统，以提高成像分辨率。

　　由于在焦平面上所成像是因为干涉而形成的，需要在子系统和光束合成器之间附加光学系统才能实现光束合成，增大了系统的复杂程度；参与成像的子系统需要一个主动的控制回路来保证其光学参数的一致性，这使得系统结构复杂，对系统的可靠性要求很高。

新一代商业遥感小卫星

遥感小卫星的特点

现代小卫星从兴起至今已经有 20 多年的历史，在这段时间内，空间技术和信息技术得到飞速发展，小卫星广泛采用新的设计思想和计算机信息技术，发展迅速，应用领域不断扩大。特别是对地观测小卫星取得了突破性的成就，其中光学成像系统的全色分辨率在 20 年间提升了 3 个数量级，星上数据存储和传输能力提升了 5 ～ 6 个数量级，其质量大都为 50 ～ 200 千克，属于微小卫星范围。

现代小卫星具有重量轻、成本低、研制周期短和实效性好等特点，在应用方面可以发挥分布式空间系统的长处，如可以组成星群、星座，可以编队飞行等，这样可弥补小卫星自身的缺点。分布式空间系统集中体现在对地观测方面，特别是高分辨率光学成像系统。

美国总统克林顿于 1994 年签署总统令，允许私人公司销售高分辨率卫星照片。此后，美国数家商业卫星公司开始研制高分辨率卫星。目前，美国的商业遥感小卫星的水平处于世界领先地位，遥感图像的分辨率已经超过许多国家专用侦察卫星的水平，达到极高分辨率，即小于 1 米。

艾科诺斯卫星

美国太空成像（Space Image）公司于 1999 年 4 月 27 日发射了高分辨率的卫星——艾科诺斯 –1（IKONOS–1），其分辨率为 0.8 米（全色）、3.2 米（多光谱），但也因火箭故障未能进入预定轨道。1999 年 9 月 24 日发射了艾科诺斯 –2 卫星，此次发射获得成功，艾科诺斯 –2 成为世界上第一颗发射成功的小型数据传输型高分辨率卫星。

▲ 艾科诺斯卫星

世界观测卫星

　　数字全球（Digital Globe）公司发射的世界观测 –2 号卫星，分辨率达到了 0.46 米，它拍摄到了本·拉登的藏身院落。

　　世界观测 –3 号卫星是数字全球公司于 2014 年发射的卫星，是第一颗多负载、超光谱、高分辨率的商业遥感卫星，运行高度为 617 千米，周期为 97 分钟，设计寿命为 7.25 年，预期服务寿命 10 ～ 12 年。卫星长 5.7 米，高 2.5 米，重 2800 千克。卫星的全色分辨率为 31 厘米，多光谱分辨率为 1.24 米，短波红外分辨率为 3.7 米。平均重访时间短于 1 天，每天能收集 68 万平方千米面积的数据。

▲　由世界观测 –2 卫星拍摄的本·拉登的藏身院落（箭头所示）

快鸟卫星

快鸟卫星是数字全球公司于 2001 年发射的高分辨率商业照相遥感卫星。卫星的轨道是高度为 450 千米、倾角为 97.2° 的太阳同步轨道，轨道周期为 93.5 分钟。全色光的分辨率是 0.61 米，多光谱成像的分辨率为 2.4 ～ 2.8 米。

▲ 快鸟卫星

地球之眼卫星

地球之眼 –1 卫星是由美国地球之眼（Geo Eye）卫星公司发射的第一颗卫星，用于拍摄地面高分辨率图片。发射卫星的资金由美国空间情报局与谷歌公司共同提供。地球之眼 –1 卫星于 2008 年 9 月 6 日发射升空，并成功进入太阳同步轨道。其轨道高度为 681 千米，轨道倾角 98.1°，轨道周期 98.4 分钟。地球之眼 –1 卫星每天环绕地球 12 ～ 13 圈，它所提供的地面图片是当时分辨率最高的商用图片，最高分辨率为黑白 0.41 米（全色），彩色 1.65 米（多光谱），但此分辨率的图片仅提供给美国政府部门。

按照设计，地球之眼 –2 全色分辨率为 0.34 米，多光谱分辨率为 1.36 米；地面图像幅宽 14.5 千米，重访时间大约 3 天。

地球之眼 –2 卫星原计划在 2013 年发射，由于在 2013 年初地球之眼公司与数字地球公司合并，使得发射日期还未确定。

按照设计，地球之眼 –2 卫星全色分辨率为 0.34 米，多光谱分辨率为 1.36 米；地面图像幅宽 14.5 千米，重访时间大约 3 天。

拿什么奉献给你，我的读者？

——陆彩云

从神舟五号、六号载人飞船到神舟十号载人飞船，从嫦娥一号人造卫星到嫦娥五号探测器，从天宫一号空间实验室到即将发射的天宫二号空间实验室，全民对太空领域的关注达到了前所未有的高度，广大青少年对太空知识的兴趣也被广泛调动起来。但是，适合青少年阅读的书籍却相当有限。针对于此，我们有了做一套介绍太空知识的丛书的想法。机缘巧合，北京大学的焦维新教授正打算编写一套相关丛书。我们带着相同的理想开始了合作——奉献一套适合青少年读者的太空科普丛书。

虽然适合青少年阅读的相关书籍有限，但也有珠玉在前，如何能取其精华，又不落窠臼，有独到之处？我们希望这套作品除了必需的科学精神，也带有尽可能多的人文精神——奉献一套既有科学精神又有人文精神的作品。

关于科学精神，我们认为科普书不只是普及科学知识，更重要的是要弘扬科学精神、传播科学品德。在图书内容上作者和编辑耗费了大量心血。焦教授雪鬓霜鬟，年逾古稀，一遍遍地翻阅书稿，对编辑提出的所有问题耐心解答。2015年8月，编辑和作者一同在国家知识产权局培训中心进行了为期一周的封闭审稿，集中审稿期间，他与年轻的编辑一道，从曙色熹微一直工作到深夜。这所有的互动，是焦教授先给编辑们上了一堂太空科普课，我们不仅学到知识，也深刻感受到老学者的风范：既严谨认真、一丝不苟，又风趣幽默，还有"白发渔樵，老月青山"的情怀。为了尽量提高内容的时效性，无论作者还是编辑，都更关注国内外相关研究的进展。新视野号探测器飞越了冥王星，好奇号火星车对火星进行了最新探测……这些都是审稿期间编辑经常讨论的话题。我们力求把最新、最前沿的内容放在书里，介绍给读者。

关于人文精神，我们主要考虑介绍我国的研究情况、语言文字的适合性和版式的设计。中国是世界上天文学起步最早、发展最快的国家之一，我们必须将我国的天文学发展成果作为内容：一方面，将一些历史上的研究成果融入书中；另一方面，对我国的最新研究成果，如北斗卫星、天宫实验室、嫦娥卫星等进行重点介绍。太空探索之路是不平坦的，科学家和航天员享受过成功的喜悦，也承受过失败的打击，他们的探索精神和战斗意志，为广大青少年树立了榜样。

这套丛书的主要读者对象定位为青少年，编辑针对他们的阅读习惯，对全书的语言文字，甚至内容，几番改动：用词更为简明规范；句式简单，便于阅读；内容既客观又开放，既不强加理念给他们，又希望能引发他们思考。

这套丛书的版式也是编辑的心血之作，什么样的图片更具有代表性，什么样的图片青少年更感兴趣，什么样的编排有更好的阅读体验……编辑可以说是绞尽脑汁，从书眉到样式，到文字底框的形状，无一不深思熟虑。

这套丛书从 2012 年开始策划，到如今付梓印刷，前后持续四年时间。2013年 7 月，这套丛书有幸被列入了"十二五"国家重点图书出版规划项目；2013 年11 月，为了抓住"嫦娥三号"发射的热点时机，我们将丛书中的《月球文化与月球探测》首先出版，并联合中国科技馆、北京天文馆举办了一系列科普讲座，在社会上产生了一定的影响，受到社会各界的好评，2014 年年底，《月球文化与月球探测》获得了科技部评选的"全国优秀科普作品"；2014 年 7 月，在决定将这套丛书其余未出版的九个分册申请国家出版基金的过程中，我们有幸请到北京大学的涂传诒院士和濮祖荫教授对稿子进行审阅，涂传诒院士和濮祖荫教授对书稿整体框架和内容提出了中肯的意见，同时对我们为科普图书创作所做的探索给予了充分肯定，再加上徐家春编辑在申报过程中认真细致的工作，最终使得本套书得到国家出版基金众专家、学者评委的肯定，获得了国家出版基金的资助。

感谢我们年轻的编辑：徐家春、张珑、许波，他们在这套书的编辑工作中各施所长，倾心付出；感谢前期参与策划的栾晓航和高志方编辑；感谢张凤梅老师在策划过程中出谋划策；感谢青年天文教师连线的史静思、王依兵、孙博勋、李鸿博、赵洋、郭震等在审稿过程中给予的热情帮助；感谢赵宇环、贾玉杰、杜冲、邓辉等美术师在版式设计中的全力付出……感谢所有参与过这套书出版的工作人员，他们或参与策划、审稿，或进行排版，或提供服务。

这套书的出版过程，使我们对于自身工作有了更进一步的理解。要想真正做出好书，编辑必须将喧嚣与浮华隔离而去，于繁华世界静下心来，全心全意投入书稿中，有时候甚至需要"独上西楼"的孤独和"为伊消得人憔悴"的孤勇。

所以，拿什么奉献给你，我的读者？我们希望是你眼中的好书。

附：《青少年太空探索科普丛书》编辑及分工

分册名称	加工内容	初审	复审	审读	编辑手记审校
遨游太阳系	统稿：张珑 文字校对：张珑、许波 版式设计：徐家春、张珑 3D 制作：李咀涛	张珑	许波	陆彩云 田姝	张珑 徐家春
地外生命的 365 个问题	统稿：徐家春 文字校对：张珑、许波 版式设计：徐家春 3D 制作：李咀涛	徐家春	张珑	陆彩云 田姝	
间谍卫星大揭秘	统稿：徐家春 文字校对：许波、张珑 版式设计：徐家春	徐家春	张珑	陆彩云 田姝	
人类为什么要建空间站	统稿：张珑、徐家春 文字校对：张珑 版式设计：徐家春、张珑	许波	徐家春	商英凡 彭喜英 陆彩云	
空间天气与人类社会	统稿：徐家春 文字校对：张珑、许波 版式设计：徐家春	徐家春	张珑	陆彩云 田姝	
揭开金星神秘的面纱	统稿：张珑 文字校对：陆彩云、张珑 版式设计：张珑 3D 制作：李咀涛	张珑	徐家春	吴晓涛 孙全民 陆彩云	
北斗卫星导航系统	统稿：徐家春 文字校对：许波、张珑 版式设计：徐家春	徐家春	张珑	陆彩云 田姝	
太空资源	统稿：徐家春、张珑 文字校对：许波、张珑 版式设计：徐家春、张珑	许波	徐家春	陆彩云 彭喜英	
巨行星探秘	统稿：张珑 文字校对：张珑、许波 版式设计：徐家春、张珑	张珑	许波	陆彩云 孙全民 吴晓涛	